マイナビ新書

人生を豊かにしたい人のための日本酒

近藤淳子
著

葉石かおり
監修

マイナビ新書

はじめに

日本酒は、日常のコミュニケーションの最高の潤滑油。日本酒は日本の伝統文化・風土・農業・林業・食などと密接につながっています。つまり、日本酒を知ると、まさに日本そのものを知ることができるのです。

そもそも、私が日本酒好きになったきっかけは、大学生の頃。アナウンス学校の先生に、手をグーにすると親指と人差し指の間にできるくぼみに粗塩を乗せ、その粗塩をなめながら、日本酒を嗜む方法をすすめていただいたことでした。すると、粗塩一粒だけで、口中の日本酒の味わいがふくよかに膨らみ、一層おいしく感じられたのです。それ以来、サークルの飲み会やカラオケでも日本酒があれば、注文してみるようになりました。

そして、石川県金沢市にあるＴＢＳ系列北陸放送でアナウンサーとして勤務していた際には、北陸の地酒をほぼ毎日のように飲む機会に恵まれました。特に、車多《しゃた》酒造（石川県）の「天狗舞 山廃純米酒」には、それまで飲んできた日本酒には全くない万華鏡のような立体的で複雑味のある風味に心煌めいたのです。金沢の老舗料亭でいただく爽やかでフレッシュな生酒、赤ちょうちん居酒屋での滋味深い純米酒ももちろん大好き。ただ、「どうして天狗舞山廃純米酒は、透明ではなく琥珀色をしている？」「日本酒って、なぜ、こんなにも蔵によって風味が明らかに違うの？」など未知なる日本酒への知的好奇心が一気に沸き立ったのでした。

その後上京し、日本酒業界が低迷しているというまさかの事実を知った2009（平成21）年から、「日本酒を飲む女性＝ぽん女」が集う【ぽん女会】を主宰しています。

「一献傾《こんかたむ》ける」という言葉もある、日本の文化である日本酒の輪を楽しく提供していくことや、蔵元のリアルな思いを伝えて日本酒の女性ファンを一人でも増やすことが目的です。蔵元や杜氏をゲストに、和洋様々なレストランで女性限定の日本酒イベントを開催しています。

ぽん女会を主宰することで、酒造りに携わる方々の真摯な情熱、進化がとまらない酒質、SAKEのグローバル化などに触れ、私は日本酒の虜になり続けています。

今、あなたが本書を手に取ってくださっているということは、日本酒は飲んではきたけれど、もっといろいろ学んでみたいという興味をおもちなのではないでしょうか？

本書では教養としての日本酒の基礎を学び、どんな飲み方をすれば、人生を健康的で豊かにできるのか深掘りしていきます。

まず、日本酒の歴史や起源に迫ります。次に、宴席でも話せる雑学、日本酒シーンでの対面マナー、さらにはお食事との最新ペアリングに至るまで、様々な角度から網羅していきます。

そして、現代における全国津々浦々の酒蔵が手掛ける、魅力あふれる日本酒の多様性にも触れてみてください。

国内だけではなく、海外の人々も魅了する日本酒の物語を知れば知るほど、日本人であることが誇らしくなるはず。

力みなぎり、いきいきとしている日本酒の今。あなたの好奇心の扉を開くきっかけになれましたら、こんなにも幸せなことはありません。

フリーアナウンサー・一般社団法人ジャパン・サケ・アソシエーション副理事長

近藤淳子

人生を豊かにしたい人のための日本酒

目次

第3章　［最新版］日本酒の基礎知識

第4章　日本酒との健康的な付き合い方

第5章　酒席での大人のマナーと味わい方

第6章 よりおいしく飲むための日本酒ペアリング

第7章 進化する日本酒の今と未来

第1章

日本酒の起源と歴史

日本酒の起源

日本人の祖先は、一体、どんな酒を最初に口にしたのでしょうか？

それは、日本酒ではなく、果実酒がはじまりのようです。諸説ありますが、縄文時代中期の頃、アルコール発酵するための条件が偶然重なり、山ブドウの酒が最初に飲まれていたとされています。

１９５３（昭和28）年、長野県富士見町の井戸尻《いどじり》遺跡群から出土した、歴史的にも有名な有孔鍔付土器《ゆうこうつばつきどき》の内側に、山ブドウの種子が見つかりました。いくつか発見されたこの土器は、アルコール発酵にとって理想的な大きさと形状だったのです。同じ遺跡から、縄文人が飲んでいたであろうカップ状の土器、神棚への供養に使用された可能性のある椀型の土器も出土しています。

山ブドウにはそもそもアルコール発酵に必要な糖が含まれているので、酒が自然発酵する条件は整っていました。山ブドウの皮に付着していたり、空気中に浮遊していたりする野生酵母が糖を吸収してアルコール発酵が進み、酒ができていたと考えられています。

縄文人が初めて山ブドウから立ち上るアルコールの香りを嗅いで口に入れてみたときの感動はどんなものだったのでしょうか。なぜか体が温まり、高揚する気分になり、きっと魔法でもかけられたような魅惑的な体験だったのではないかと思いをめぐらせています。

実は、時を同じくして果実酒だけではなく、穀物酒が飲まれていた可能性もあると言われています。井戸尻遺跡群から、黒く焦げたパンのようなものが発見されました。当時、でんぷんを食べていたならば、でんぷんによる穀物酒も飲んでいたかもしれないという推測に基づいた説です。

ただ、麹《こうじ》がない時代に、糖に分解されないままでんぷんからどうやってお酒ができたのか、疑問をおもちの方も多いと思います。これについては、学者により諸説あるものの、「口かみ酒《ざけ》」が有力とされています。口かみ酒は、人の口で咀《そ》嚼《しゃく》されたでんぷんが、唾液の酵素（アミラーゼ）で糖に分解され、空気中の野生酵母の働きでアルコール発酵が行われる仕組みで醸されます。有孔鍔付土器はでんぷんを吐き出す器として使われていたと推測することができます。

縄文時代晩期には、陸稲の籾《もみ》の発見例が多く、弥生時代の前にも陸稲耕作が行われていたようです。つまり、米があったとすれば、米による口かみ酒もこの時期に始まった可能性を否定できないということです。

ただし、口かみ酒を造るには、でんぷんを含む米を口の中でかみ続けなければならず、かなりの重労働。私の場合、一口サイズの米を、何度頑張ってみても1分以上かみ続けることは困難でした。あごも痛くなり、口内でドロドロになった米を飲み込まずにはいられませんでした。

口かみという辛い作業からの解放となったのが、「麹」の技術革新による「麹酒」の誕生です。麹菌は、空気中に浮遊したり、稲わらにすんでいたり、神棚に備えた餅にカビとして発生したりもします。たまたま器に入っていた米に麹菌が付いて、雨漏りなどで水が加わると、麹菌の働きで米のでんぷんが糖化されます。さらに、空気中の野生酵母によりアルコール発酵が行われ、偶然の産物としてお酒が誕生。古代人がこのことに気付いて工程を再現し、麹酒が飲まれていたのではないかと考えられています。

カビ（麹菌）による酒造りが初めて文献に登場したのは713（和銅6）年から715（和銅8）年頃に編纂されたとされる「播磨国風土記《はりまのくにふどき》」です。それ以前の記述はありませんが、弥生時代の初め頃には、すでに麹酒が始まっていたのではと推測されています。

麹を使った酒造りは日本だけではなく、東南アジアや東アジアにもあります。ただ、海外ではすべて「クモノスカビ」が使用され、日本酒は唯一、麹菌「コウジカビ」が使われています。日本の四季や風土にも適応している麹菌は、日本酒をはじめ、日本の伝統食に欠かせない存在。こうしたことから「国菌」と呼ばれています。

神事と日本酒の深い関わり

古《いにしえ》から日本酒の原材料である米は、農耕と深い結びつきがあります。よって「酒の神」は「農業の神」であり、「収穫の神」ともされてきました。日本には、今でも「神・酒・人」が一体となった数多くの神事が伝承されています。

神に捧げる御神酒《おみき》。その酒質は腐っても汚れてもいけない「味酒《うまざけ》」である必要があったのです。そのため農作物の豊穣を祈るかのごとく、酒の出来上がりの成果を期待したり、酒が腐らないことを願ったりしながら酒造りがされていました。さらに、神前の御神酒を欠かさずに丹念に酒造りをすることも、神事の大切な一部であるということです。

このような背景から、日本各地に酒造りの神を祭る神社ができ、酒と神の結びつきはより深くなっていきました。弥生時代の後期には神事と共に「神の酒」が記述されるようになり、ヤマタノオロチを退治するときに使われたという「八塩《やしお》折乃酒《おりのさけ》」（古事記）や、木花咲耶姫《このはなさくやひめ》が神事に使ったとされる「天甜酒《あまのたむけざけ》」（日本書紀）などが登場しました。

時代は進み、701年の大宝律令により「新嘗祭《にいなめさい》」（現在は毎年11月23日）が制度化されました（諸説あり）。新嘗祭とは、宮中祭祀《さいし》で最も重要な祭礼として行われる、五穀豊穣を祝う収穫祭のことです。

島根県の出雲大社の新嘗祭では、御神酒は今でも古来の方式にのっとって醸されています。製法は、容器に入れた麹と同量の粥状の新米を混ぜ合わせて、2日間仕込みます。この御神酒は「醴酒《ひとよざけ》」と呼ばれ、アルコールもほとんどない甘酒のようなものだそうです。

さて、蔵の神事といえば、どんなことが執り行われているのでしょうか。創業1688（元禄元）年の老舗蔵、「一白水成《いっぱくすいせい》」を醸す福禄寿《ふくろくじゅ》酒造（秋田県）の蔵元、渡邉康衛《こうえい》さんに、1年間の神事を教えていただきました。

「私は毎朝必ず、酒造りの神様を祭る『松尾大社』の蔵内の神棚、事務所の神棚

毎朝、蔵内の神棚に手を合わせる渡邉さん
(写真提供/福禄寿酒造)

とともに仏様に手を合わせています。毎月1日と15日は、神棚の榊、米、水、塩、酒の交換をします。『松尾様の日』である毎月13日は、社員一同が集まり合掌。毎年12月13日には蔵に神主を呼び、醸造祈願のための『松尾祭』を行っています」

また、このような日々の神事について「いつの頃からか、すべて【感謝】だと感じるようになりました。日本酒は自然から与えられるもので造られ、その原料がなければ酒造りができません。いつも酒造りできることへの感謝を胸に、神棚に手を合わせております」（渡邉さん）と、真摯に語ってくださいました。

自然への敬愛、尊い祈りが詰まった神事が執り行われるからこその日本酒。日本人として日本酒をいただけるありがたみを感じずにはいられません。

中世から江戸時代までの庶民の酒事情

時代によって、庶民の酒事情はどう変化していったのでしょうか。

稲作文化とともに中国大陸から伝播したといわれる酒造りは、奈良時代までは国家権力の象徴として、朝廷を中心に行われていました。平安末期から鎌倉時代にかけては、朝廷の酒造りの技術が寺院にも流出しはじめ、朝廷の酒造組織は廃止に。その後幕府や寺社の権力者が、僧侶や酒屋の商人に酒造りと販売の特権を与え、その代わりに酒や税を取り上げる制度が始まったのです。

本来、戒律が厳しい寺院が酒造りを始めたのは、時代背景が大きく関係しています。鎌倉時代後期から武士階級や地方豪族による一揆が頻繁に発生したり、貨幣の流通による社会変動が起こったりして、寺院は経済的に困窮を深めていきました。その結果、財源確保が必要となった寺院が、僧侶による「僧坊酒《そうぼうしゅ》」を造って販売するようになりました。この僧坊酒こそが、その後の酒造りの技術を飛躍的に発展させる礎《いしずえ》になったということです。

寺院が酒造りを始めて庶民も飲めるようになると、酒の消費量はぐんぐん伸びて密造酒が増加。飲酒による事件が多発し、鎌倉幕府は「沽酒禁制《こしゅ》」という酒の醸造、売買の禁止令を出しました。各民家に大量にあった酒壺を、1個だけ残して破棄しなければいけなかったようです。

室町幕府を築いた足利尊氏は、一転して酒造りを奨励する方針を打ち出しました。僧坊酒は主に公家、武家、僧侶向けに造られ、幕府から許可を受けて造る商人の酒は庶民に飲まれていました。商人の酒は僧坊酒よりも圧倒的な醸造量がありましたが、酒質は全く勝負にならないほど僧坊酒の方が優れていたということです。

その後僧坊酒は、戦国大名の寺院権限への圧迫などにより造れなくなり、米の産地、仕込み水が豊富な地、門前町、商業地など新しい酒の産地が次々に台頭。「西宮の旨酒」「加賀の菊酒」「伊豆の江川酒」など、全国で人気の地酒が誕生していったのです。

江戸時代に入ると、中世からの僧坊酒の基礎的な技術を受け継ぎ、全国すべての酒屋が冬の寒い時期に酒造りをする「寒造り」をスタート。寒い冬に仕込むことで、雑菌による腐造を未然に防ぎ、長期低温発酵による香りの高い酒質で、安定して市場で求められる酒を造れるようになりました。

ちなみに、江戸時代の庶民は酒に強く、毎日大量に飲んでいたのだとか。政治、経済、文化の中枢となり、全国からの物資が豊富に届く江戸に入ってきた酒は、1800年代に年間180万樽という記録が残っています。1人当たりの年間消費量に換算すると（老人、女性、子ども以外）、1人当たり1日3合を、毎日飲んでいたことになります。1日3合は、現代人の約3倍もの飲酒量になる計算です。

江戸文化を象徴する浮世絵からも、酒が庶民生活の一部だったことがわかります。溪斎英泉《けいさいえいせん》作の『江戸八景　日本橋の晴嵐』には、ねじり鉢巻き、フンドシ姿の男たちが酒の入った樽を大八車に載せて運ぶ光景が描かれています。手鏡を持った艶やかな着物姿の花魁《おいらん》が、「剣菱」のロゴが入った酒樽を見つめる様子が描かれている喜多川歌麿作の『名取酒六家選　兵庫屋華妻　坂上の剣菱』もあります。

奈良時代には庶民に手が届かなかった酒が、徐々に身近な嗜好品に変化していく時代の移り変わりをうかがいしれます。

今に伝わる菩提酛の酒

日本最古の酒母《しゅぼ》「菩提酛《ぼだいもと》」（89ページ参照）。菩提酛の魅力に迫りながら、酒のもととなる酒母の変遷を追いかけます。

菩提酛の技術は、室町時代に菩提山正暦寺《しょうりゃくじ》（奈良県）の僧侶たちによって確立されました。全国の寺院がお酒を醸していた当時、中心的な役割を担っていたのが正暦寺だったということです。

その後、一時は途絶えかけた菩提酛を復活させようと、奈良県の8つの蔵元が「奈良県菩提酛による清酒製造研究会」を設立。1998（平成10）年12月に酒母免許が下り、正暦寺で寺院醸造を復活させることに成功しました。ちなみに現在、菩提酛を造る免許を持っているのは正暦寺のみです。

菩提酛の原材料には、菩提山町産ヒノヒカリの生米、正暦寺の岩清水、正暦寺で採取・培養した乳酸菌を使用。まず、タンクに生米、水、乳酸菌を2日間漬け込み、乳酸発酵により「そやし水」を造ります。そやし水ができたところで、蒸米、麹、正暦寺で採取・培養した酵母を加え、約2週間仕込みます。醸造中の雑菌リスクを軽減させるため、今は寒く乾燥した冬に仕込んでいますが、室町時代には雑菌リスクの高い暑い夏でも造られていました。

仕込み中には毎日、正暦寺のスタッフおよび研究会の会員が育成中の酒母を確認し、成分分析も行っています。完成した酒母は、8蔵がそれぞれの蔵に持ち帰り、菩提酛純米酒として製品化しています。同じ菩提酛から誕生する8蔵の日本酒を、毎年待ちわびている日本酒ファンも多いのではないでしょうか。日本最古の製法を今に復活させたロマンを、味わいからも感じられるはずです。

菩提酛に続いて、江戸時代に確立された酒母を「生酛《きもと》」（89ページ参照）と言います。酒母の段階で乳酸を自然界から呼び込み、野生酵母や雑菌を駆逐して、酵母を育てる伝統製法です。温度管理しやすいよう半切桶《はんぎりおけ》（底の浅いたらい形の桶）に小分けして入れた蒸米、麹、仕込み水を、櫂《かい》棒を使ってすりつぶします。これを「酛すり（山卸《やまおろ》し）」と言い、米の糖化を促す地道な作業です。生酛は約1か月で完成し、酸味は強めで、旨味の多い力強い味わいとなります。

生酛の山卸しを廃止した酒母「山廃酛《やまはいもと》」（89ページ参照）が確立されたのが明治時代です。米をすりつぶさず、麹の糖化酵素を利用して米を溶かしていきます。そのため、あらかじめ仕込み水と麹を混ぜて水麹を造り、あとから蒸米を加えます。育成期間は約1か月、酸味は強めで、旨味の多い力強い味わいとなります。

ただ、現代の「新政《あらまさ》」新政酒造（秋田県）、「仙禽」せんきん（栃木県）の生酛による日本酒は、これまでのイメージを覆す味わいです。酸味や旨味があるものの軽やかで、伝統製法ながらも新時代の生酛の味わいとして一線を画しています（202ページ参照）。

最後に、明治時代に確立された酒母「速醸酛《そくじょうもと》」（89ページ参照）についてお話しましょう。速醸酛は今、最も多くの蔵で造られている酒母です。生酛や山廃には添加しない人工培養した乳酸と酵母を原材料として使用します。酒母にあらかじめ乳酸を加えることで、野生酵母や雑菌を寄せ付けることなく、酵母の育成をスムーズに進めることができます。仕込み水、乳酸、麹を混ぜて水麹を造ったあとに、蒸米と酵母を加えます。味わいは、軽やかでソフトな傾向です。

江戸時代から始まった寒造りと杜氏制度

酒造りが最も発展するきっかけになったのは、「寒造り」が完成されたことです。寒造りとは、冬の寒い時期に酒造りを集中させること。1732（享保17）年に刊行された商品学書『萬菌産業袋《ばんきんすぎわいぶくろ》』には、「酒は寒造りを専《せん》とす」と記されています。夏や秋に酒を仕込むよりは、寒い冬に仕込んだ方がもろみ（89ページ参照）の品温を操作しやすいことがわかってきたのです。冬は、酒造りの大敵である雑菌がもろみに入り込んでくる可能性が低く、低温発酵を穏やかに進めることで、それまでに比べて香りの高い上質な酒を造り出すことができるようになりました。また、寒造りにより、大量に酒を造れるようになったため、市場に求められる量を安定的に提供できるようになったのです。

さらに、寒造りへの移行は江戸幕府の経済政策とも絡んでいたと言われています。幕府は、1667（寛文7）年の御触書《おふれがき》で夏から秋の新酒の仕込みを禁止して、寒造りへの移行を命令しました。幕府は大量の米を酒という商品にすることで財源を確保していたのです。

寒造りが広まると、冬の農閑期の農民が仕事を求めて酒蔵へ赴き、出稼ぎをするようになりました。やがては杜氏《とうじ》を中心とする「杜氏制度」ができあがっていくことにつながります。

杜氏制度における杜氏は、蔵元から酒造りに関する一切を委嘱された最高責任者です。また杜氏のもと、酒蔵で酒造りに従事する働き手のことを「蔵人《くらびと》」と言います。杜氏は、寒造りが始まる秋口になると、自身の出身地から多くの蔵人を引き連れて酒蔵に赴き、100日以上にわたって酒を造っていました。寒造りで酒が完成して春になると、また彼らを引率して故郷に帰っていったということです。こういった出稼ぎ型の杜氏集団は、その出身地名などから「丹波杜氏」「播磨杜氏」「越後杜氏」「南部杜氏」などと呼ばれていました。

近年では、杜氏の故郷で農村の労働力が不足したり、出稼ぎに頼らず地元企業に就職したりする人が増えて蔵人が減少。長きにわたり日本の酒造りを支えてきた杜氏制度そのものが徐々に変化してきているのです。杜氏制度が様変わりして、最近は蔵元と杜氏を兼ねる蔵元杜氏が増えてきている傾向にあります。

明治になると、科学的知識を身に付けた技術者や学者たちが、酒造りの世界でも改革を行います。特に東京大学総長をつとめた古在由直《こざいよしなお》氏は、1891（明治24）年、清酒酵母の純粋培養を提唱。また、日本酒の未来のために国立（大蔵省と農商務省）の研究機関として、醸造試験所の設置に尽力しました。

醸造試験所は１９０４（明治37）年に、大蔵省のお膝元でもある今の東京都北区滝野川に開所。その後、研究員の江田鎌治郎氏によって、現在の酒造りにおいて最も一般的な速醸酒母（速醸酛）が完成されました。また、多くの研究所員が、清酒の腐敗を防止するための研究を重ね、その対策を確立するなどの成果を残しています。さらに、全国の酒造会社の品質向上を競い合う「全国新酒鑑評会」を開催したり、技術向上のために杜氏の講習会を開いたりするなど、酒造りの発展に甚大な貢献を続けています。

この醸造試験所は２０１５（平成27）年に現在の広島県東広島市に移転。独立行政法人酒類総合研究所として存在しています。

熟成酒（古酒）の歴史

室町時代や江戸時代の古文書にも多く登場する、日本酒の熟成酒（古酒）の歴史を振り返ります。

鎌倉幕府を非難し、厳しい弾圧を受けて隠遁生活を送っていた日蓮上人には、多くの門徒たちからお酒や食料などのお布施が寄せられていました。日蓮が古酒をもらった際のお礼状には「人の血を搾るが如くなる古酒」と記されています。古酒は人の血を搾ったような赤い色だったのではないか、さらに、厳しい日々を生き抜く貴重な原動力だったはずだと想像することができます。

江戸時代には、「三年酒」「九年酒」などが造られ、長く熟成させるほど貴重で、その値段は新酒に比べて約10倍もする高級酒だったとのことです。

当時の食事典『本朝食鑑《ほんちょうしょっかん》』（１６９７年）には味、香りについての記述もあります。

「……三、四、五年を経た酒は味が濃く、香りが美しくて最も佳なり。六、七年から十年にもなるものは、味が薄く、気は厚め、色も深濃で、異香があって尚佳なり……」

また江戸時代中期から幕末にかけての川柳集『誹風柳多留《はいふうやなぎだる》』には、「三年酒下戸《げこ》の苦しむ　口当たり」とあります。これは、下戸（お酒が飲めない人）でも、飲み過ぎてしまうほど旨い古酒というわけです。

古酒の魅力が人々に伝わっていながらも、明治期にはいったん、古酒は姿を消してしまいました。最大の原因は、明治政府が課した酒税「造石税《ぞうこくぜい》」の影響と言われています。造石税には、日本酒が商品化される前の、蔵で搾った瞬間から酒税が発生するという過酷な条件がありました。造石税は、日清、日露戦争の戦費としても政府の莫大な資金源となったのです。また、味わうよりも酔うために飲む人々が多くなり、高級な古酒は徐々に飲まれなくなっていったようです。

１９４４（昭和19）年には造石税は廃止され、蔵の中にある間は非課税で、商品化された時点で課税される「蔵出し税」に変わりました。それから半世紀以上が経過し、様々な蔵で古酒が復活を成し遂げています。

酒造会社による任意団体「長期熟成酒研究会」（１９８５年発足）では、技術交換、科学的な裏付けをするための勉強会、イベントなどを長年にわたって行っています。

2005(平成17)年からは、長期熟成酒研究会と独立行政法人酒類総合研究所および学校法人東京農業大学と合同で「日本酒百年貯蔵プロジェクト」がスタート。全国の酒造25社のそれぞれの日本酒を、国の重要文化財である赤レンガ酒造工場の地下貯蔵室(東京都北区・1904年建造)に100年間貯蔵するという一大プロジェクトです。2005年には関係者200名余りでのきき酒による貯蔵前の酒質統計がとられました。その後、貯蔵したお酒の一部を取り出して定期的に酒質検査が行われています。私も、光栄にも一部きき酒をさせていただき、身の引き締まる経験となりました。

次回のきき酒は2025年とのこと。プロジェクト完了の100年後、未来の人々はどんな熟成酒と出逢い、次世代にどう受け継いでいくのか、ロマンをかきたてられずにはいられません。

今は、海外でも人気のある熟成酒。ゴールドや琥珀色の輝き、時間をかけた味わいのグラデーションを楽しむことができます。ただ、熟成酒には明確な定義がなく、様々な協会や蔵元に一任されている現状があります。「熟成酒の今」については、第7章で述べることにしましょう。

日本三大「酒神神社」

日本酒好きなら一度は参拝したい、酒の神が祭られる「日本三大神社」をピックアップしましょう。

まず、有名な神社といえば、京都西京区の「松尾大社」です。5世紀後半、山城国《やましろのくに》に移住した秦《はた》一族は、比叡山と松尾山に祭られていた「大山咋神《おおやまぐいのかみ》」を一族の総氏神と定め、開墾開拓に従事しました。その後701（大宝元）年、現在の地に社殿を建立したのが松尾大社のはじまりです。

平安京の遷都に尽力した秦一族は、遷都後、宮中での酒造りにも関わりました。その酒造りの技術が優れていたことから、一族の総氏神である松尾大社が「日本第一酒造神」と呼ばれるようになったのは室町時代以降のこと。江戸時代には、全国の醸造家から信仰を集めるようになりました。

境内に入ってすぐ目に飛び込んでくるのが、全国各地の蔵から奉納された酒樽が並ぶ圧巻の光景。日本酒ファンであれば、お気に入りの銘柄を発見したり、記念撮影をしたりと、気分が高揚する場所ではないでしょうか。同じ境内にある「お酒の資料館」では酒造りの基礎、歴史、文化などの展示もされています。

本殿の奥には、延命長寿、寿福増長などのご利益があるとして崇められてきた霊泉「亀の井」があり、別名「よみがえりの水」と呼ばれています。

かつて私は、10月1日の「日本酒の日」にこの場所に初めて伺いました。そこに佇んでいるだけで不思議と身も心も浄化されていくような穏やかな気持ちになったことを思い出します。醸造家たちの間では、蔵にこの霊水を持ち帰り、仕

全国の多くの醸造家たちから崇拝されている松尾大社

松尾大社に全国から奉納された酒樽

込み水に混ぜて酒造りをすると失敗しないと言われているようです。

次に、京都府京都市にある「梅宮大社《うめのみやたいしゃ》」。本殿では、大山祇神《おおやまづみのかみ》、瓊瓊杵尊《ににぎのみこと》、彦火火出見尊《ひこほほでみのみこと》、木花咲耶姫《このはなさくやひめ》を祭神としています。

彦火火出見尊は、大山祇神の子どもである木花咲耶姫と瓊瓊杵尊との一夜の契りで生まれたと言われています。世継ぎが生まれたことに歓喜した木花咲耶姫が、大山祇神から米をもらい、天甜酒《あめのたむざけ》を造り飲んだという神話から、梅宮大社は古くから安産と酒造りの神として有名です。

ちなみに、木花咲耶姫の木花《このは》は、「梅」の古い雅《みやび》な呼び名。梅宮大社の名前の由来にもなっているとのことです。

最後に、主祭神として「大物主大神《おおものぬしのおおかみ》」を祭っている奈良県桜井市の「大神《おおみわ》神社」。大神神社のある三輪山《みわやま》は本殿をもたず、山そのものが御神体です。大物主大神は、疫病を鎮めたり、酒造りの杜氏の神様「高橋活日命《たかはしのいくひのみこと》」の美酒造りを助けたことから、医薬の神様、酒造りの神様として広く信仰を集めています。また、酒に由来する神として「大己貴神《おおなむちのかみ》」と「少彦名神《すくなひこなのかみ》」も祭られています。神に供える御神酒の神酒「ミキ」は「ミワ」と呼ばれていた時代があり、大神神社がまさに神酒そのものに由来していると言われています。

この地に残る唯一の酒蔵である今西酒造（奈良県）は、1660（万治3）年の創業以来この三輪山と深いつながりがあります。三輪山は三諸山《みむろやま》とも呼ばれ、三輪山の杉には神が宿るとされてきたことから、今西酒造では地元向けに「三諸杉」、全国向けに「みむろ杉」という銘柄を醸しています。

今西酒造は大神神社の参道にあり、直営店では蔵出しの生酒も試飲、購入できます。「みむろ杉」も楽しめる大神神社参拝は、さぞかし貴重なひとときとなるはずです。

第2章　押さえておきたい日本酒雑学

日本酒の甘口、辛口って？

ショートケーキのような砂糖の甘さ、スパイスカレーのような香辛料の辛さなど一般的な甘辛のイメージと、日本酒の甘辛はやや違っています。

日本酒の甘口は、華やかな香りやお米のふくよかな旨味を英語でシンプルに表現すれば「SWEET」。辛口は、スッキリとのど越しが良く、軽やかな「DRY」と言えます。

「飛露喜《ひろき》」で確固たる地位を築いている廣木酒造本店（福島県）の蔵元杜氏、廣木健司さんに、甘辛について解説していただきました。

「例えば、舌触り（テクスチャー）だけで言うと、日本酒度（66ページ参照）はマイナスに向かい、甘口になるほどトロリとした舌触りになり、プラスの数値が高くなり、辛口になるほどサラリとなるイメージをもっています。ただ、甘辛の定義は日本酒業界内でもいろいろな意見があり、いまだに話が尽きないテーマです。実際に人が舌で感じる甘辛は、温度や酸度（66ページ参照）などにも影響を受けるので、日本酒度はあくまで一つの目安です。

なぜ、一つの目安でしかない日本酒度が採用されているのかについて廣木さんは、「日本酒度は、日本酒に比重計を入れるだけで測定できます。計測技術の乏しかった昔は、最も簡単で効率的に発酵具合を知る測定方法だったはず。それが全国に広がり、いまだに重宝されているのではないでしょうか」と推測。

日本酒度が使用され続ける意義について、改めて考えさせられます。

ちなみに「甘辛は、酒屋にとって永遠のテーマ。『辛口をください』とオーダーされるお客様が圧倒的に多いです」とおっしゃるのは、望月商店（神奈川県）の望月太郎社長です。

日本酒を販売する際には、まず、お客様の好みを聞き、甘辛のイメージを掘り下げるという望月社長。次に日本酒の場合はキリッとしたのが辛口、米の旨味があるのが甘口などの説明を加えていくのだとか。さらに自分用、プレゼント用、年代、普段飲んでいる酒類、どんなシチュエーションで飲むのかなども伺うそうです。

最後に望月社長は「嗜好品ゆえに答えは一つではないのですが、甘辛から日本酒の好みを見つけていただくのも面白いと思います」と締めくくってくださいました。

日本酒度だけでは測れない、甘辛の奥深さを知るきっかけになりましたら幸いです。

日本酒の生産量を表す1石とは

居酒屋で、店員さんに「日本酒1合《ごう》ください」の一言がなかなか言えなかった20歳の頃。「合」という単位を使い慣れていないことと、当時は若い女性が日本酒を飲むと珍しがられたので、なんとなく恥ずかしいという思いがありました。

日常生活では水やガソリンなどの液体はリットル表記ですが、日本酒を表す単位はなぜ「合」なのでしょうか。

これは、長さを表す「尺《しゃく》」と、質量を表す「貫《かん》」による「尺貫法」に由来しています。尺貫法の起源は古く、中国・漢の時代に体系化された単位だと言われています。尺貫法は1954（昭和34）年に廃止され、1966（昭和41）年に国際的な計量基準に統一されると、徐々に使われなくなりました。

ただ、日本酒はこれまで歩んできた伝統を継承していくためにも、昔ながらの単位を使用し続けているという背景があるようです。

例えば、「1勺《しゃく》」は約18ミリリットル。2勺（約36ミリリットル）でお猪口1杯分くらいの量です。

「1合」は、約180ミリリットル。一合徳利、二合徳利など酒器にも使われています。結婚式の鏡開きで使われる木製の一合升《ます》もあります。また、ご飯を炊くときにも使っている単位、1カップも1合です。

「1升《しょう》」は約1・8リットル（1800ミリリットル）で、一升瓶のサイズです。最近では、一升瓶よりも冷蔵庫で保管しやすく、飲み切りやすいので、四合瓶（720ミリリットル）で販売されることが多くなってきました。四合瓶は「しごうびん」または「よんごうびん」と呼ばれますが、「しごうびん」は冠婚葬祭の際の忌み言葉と捉えられることもあるので、「よんごうびん」と呼ぶと良いでしょう。

「1斗《と》」は、約18リットル、一升瓶10本分。なかなか耳なじみがない単位かもしれませんが、日本酒を飲食店に卸す際に使われています。

「1石《こく》」は、約180リットル、一升瓶で100本。酒造の生産量を表すときに使われる単位です。酒造会社の生産量が800石の場合は、年間に一升瓶8万本の生産量があると言えます。また、石を「こく」と読むのは、中国の体積の単位だった「斛《こく》」の発音に由来するようです。

江戸時代の1石は、1年間に消費する1人当たりの米の総量とされることもありました。江戸人の1食は、米1合。つまり、1日で3合、1年で1000合＝1石も食べるとされていたのです。少々の香の物と大量の米を食べる食生活から、江戸患いと呼ばれた「脚気《かっけ》」が流行しました。これは、江戸時代に白米を食べることが流行ったことが原因です。玄米にはビタミンB1が含まれているので脚気にはなりませんが、精白米は糠《ぬか》を取り除くことでビタミンB1が欠乏するからです。

日本史では「加賀百万石の殿様」など、江戸時代の大名を呼ぶときにも「石」が登場します。日本酒の生産量を表す「石」は、米が経済の中心的存在だった時代から、その国の大きさや経済力を象徴する単位でもありました。

日本酒の生産量日本一は？

2024年のユネスコ無形文化遺産の登録を目指している日本酒や本格焼酎などの「伝統的酒造り」。日本酒への注目も高まる中、酒造数や国内生産量をデータ分析します。

日本酒の国内出荷量は、ピーク時の1973（昭和48）年には170万キロリットルを超えていました。しかしその後は、少子高齢化、高度経済成長後における消費の低価格志向、ライフスタイルの変化、他のアルコール飲料との競合などにより、減少傾向となっています。2018（平成30）年以降は国内出荷量の減少幅が大きくなり、これまで順調に増加してきた特定名称酒（60ページ参照）についても減少に転じています。

2020（令和2）年には、新型コロナウイルス感染症拡大の影響も受け、業務用の日本酒を中心に国内出荷量は、対前年比マイナス10パーセントと減少。さらに特定名称酒は、対前年比マイナス14パーセントと大幅に減少しています。2021（令和3）年（1〜7月）も、国内出荷量は前年同期比マイナス3パーセント、特定名称酒は同マイナス4パーセントとなっています（農林水産省農産局2022年「日本酒をめぐる状況」より）。新型コロナウイルスによる打撃が数字に如実に表れた結果に愕然としたのは、私だけではないはずです。

次に、都道府県別に酒造数や製造量を見ていきましょう。

日本酒造組合中央会によりますと、現在の日本酒の酒造場数は、1394蔵（日本酒造組合会員数）あります。県別ランキング（2021年3月時点）では、1位新潟（88蔵）、2位長野（79蔵）、3位兵庫（69蔵）、4位福島（60蔵）、5位福岡（59蔵）となります。

日本酒の製造量（アルコール分20度換算）については、全国合計34万496キロリットル（2019年）。県別ランキングは、1位兵庫、2位京都、3位新潟、4位埼玉、5位秋田という結果です。

酒造数3位の兵庫が製造量では断トツの1位、酒造数1位の新潟は製造量3位と逆転しています。長野、福島、福岡の酒造数は上位にランキングされていますが、製造量では5位以下という結果です。これは、大手の酒造会社が集まっている兵庫（「白鶴」「菊正宗」「剣菱」など）や京都（「月桂冠」「黄桜」「松竹梅」など）が、他の中小の酒造を抑えて製造量を押し上げているためです。

日本酒の一大生産地であり、現在も製造量ナンバー1である兵庫（灘の酒）には、播磨、灘五郷、伊丹、丹波、但馬などに9つの酒造組合があり、それぞれに特色があります。ここから生まれた丹波杜氏や但馬杜氏は全国で活躍。また、酒米の王者である兵庫県産山田錦をはじめ、五百万石、兵庫北錦などの生産地であることも、兵庫（灘の酒）が押しも押されもせぬ酒どころとして君臨している理由です。

一升瓶1本造るのに必要な米の量

日本酒は一升瓶を1本造るのに、どれくらいの米の量が必要なのでしょうか。

例えば、一升瓶の純米酒1本（精米歩合60パーセント）を造る場合、玄米1・5キログラムが必要となります。約3平方メートルで収穫される量です。米の品種や状態、水分含有量によっても多少の差異は生じます。

ちなみに、精米歩合の数値が小さくなればなるほど米もたくさん使用するので、日本酒の原価率もアップします。本醸造に比べると、純米大吟醸や大吟醸の値段が高くなる理由の一つです。

米の量を測るために使用されているのが、米千粒分の重さ「千粒重《せんりゅうじゅう》」です。酒造好適米の千粒重の平均値は25〜30グラム、飯米は20〜22グラムとなります。数字でみると数グラムの違いですが、実際に見比べてみると明らかに違う大きさです。中心部分に心白がある酒造好適米は、飯米《はんまい》よりも大きく、大粒であると言えます。

また、最近は精米歩合が80パーセント以上もあるような超高精米の日本酒も登場しています。あえてお米を磨かないことで、雑味ではなく旨味を酒質に反映させるという製法です。さらに、お米の品質改良が進み、お米を大切に使いたいという蔵の思いから、たくさん磨かなくても酒質をコントロールできるよう研鑽が積まれているという背景もあります。

逆に、超低精米の精米歩合が一桁というまれな日本酒の存在も忘れてはなりません。米を極限まで磨くという最新の高度な技術を必要とし、コストも非常にかかります。精米歩合7パーセントの新澤《にいざわ》醸造店（宮城県）「残響Super7」を試飲させていただいたとき、あまりにも澄み切った味わいに、喉に光が差したような衝撃を受けたことがあります。

さらに、新澤醸造店には精米歩合0パーセント台という驚異の超限定酒「零響-Absolute0-」があります。精米歩合0パーセントとは、お米全体の99・15パーセントを磨き、残った0・85パーセント台だけでお酒を醸すという、究極の世界です。

日本一大酒飲みの県は？

日本一大酒飲みの県について、日本酒の消費量データから分析しましょう。

2016（平成28）年の国税庁統計によりますと、日本酒の1人当たりの消費数量はトップが新潟県、2位秋田県、3位石川県、4位山形県、5位福島県という結果でした。酒造数が1位の新潟県は、消費量でも首位です。

2020（令和2）年の1人当たりの消費量は、1位新潟県、2位秋田県、3位山形県、4位福島県、5位石川県となっています。

酒どころの東北や日本海側で消費量が多く、焼酎王国である九州は少ない傾向があるようです。ただ、佐賀県だけは全国平均を上回っていました。佐賀県には、鹿島市と嬉野市の蔵が一体となって開催される「鹿島酒蔵ツーリズム」という大盛況のイベントがあります。2019（令和元）年には、鹿島市の人口約3万人に対して、2日間で約10万人もの観光客が訪れたほどです。私もお猪口と地図を片手に、長い行列に並んで新酒を堪能したり、情緒豊かな武家屋敷や白壁の酒蔵通りを散歩したりと、楽しませていただいたことがあります。

アルコール全般の1人当たりの消費量（2020年）は、1位東京都、2位高知県、3位青森県、4位秋田県、5位富山県。コロナ禍以前は首位の東京に続いて、大阪府、神奈川県、愛知県などがランキング（2017年）されており、コロナ禍における都市圏への飲酒量の大打撃が伺えます。

ところで、大酒飲みといえば、最初にイメージするのは「高知県」という方は多いのではないでしょうか？　コロナ禍以前は、高知県の消費量ランキングは決して上位ではなかったのですが、2020（令和2）年には2位に大躍進しました。

高知県といえば、「べろべろの神様」という大人の酒遊びがあります。「Shikoku Sake Trip　4県の蔵元と四国の酒を旅しよう♪」という四国の酒蔵が東京に大集合するイベントで司会をした際、高知県の蔵元が主導し、参加者たちと一緒に盛り上がったゲームです。

まず、5~10名くらいの男女でチームを作り、輪になります。次に皆でお題を決めて、歌を歌いながらコマを回します。お題は、「一番、お酒が強いのは誰?」「今日一番のモテ男(女)さんは?」など、その場が盛り上がるような内容を出し合います。そして「べろべろの神様は　正直な神様よ　(お題)の方へとおもむきゃれ　おもむきゃれ」と皆で声高らかに元気よく歌います。回るコマが止まったとき、コマの指し示す方向にいた人が、可杯《べくはい》でお酒を飲み干すというものです。

可杯とは、高知県の伝統酒器のこと。おかめ(20ミリリットル)、ひょっとこ(50ミリリットル)、天狗(144ミリリットル)のお面の形状をした酒器3種類があります。一番小ぶりのおかめは唯一、テーブルに置くことができるので、一気に飲み干さなくても大丈夫。ひょっとこの口には小さな穴があり、お酒が注がれ始めたら指で押さえていないと漏れ出してしまうため、なみなみと注がれるまで指を離せなくなります。天狗は長い鼻先までお酒が入り、通常のお猪口の3倍以上の量が入るビッグサイズ。しかもテーブルにも置けないので、手に持ったまま飲み干さなければいけない状況に追い込まれます。

意中の女性に天狗が当たってしまったら、すかさず男性が身代わりに飲んでその女性を守ったり、あっけらかんと飲み干す人に人気が集中したりと、様々な人間模様が浮き彫りになるのも可杯の魅力かもしれません。

高知県のべろべろの神様のおかげで、初対面の参加者同士の距離が一気に縮まったのは言うまでもありません。

日本酒の賞味期限

開栓前の日本酒であれば、賞味期限はありません。ほとんどの食品や飲料には賞味期限が記載されていますが、日本酒には表示義務はなく、開栓前の日本酒であればアルコールの殺菌作用によって腐ることがないため、長期間の保存が可能とされているからです（蔵のポリシーで、賞味期限が設けられている稀なケースもあります）。

ただ、日本酒は非常にデリケートな酒質なので、①光（日光）、②温度、③酸素の影響を受けやすいことを覚えておくと良いでしょう。

例えば、夏場に直射日光の当たる室内に置きっぱなしにすると、日光と温度の影響を受けて、「老香《ひねか》」という、腐った沢庵のようなオフフレーバーが発生し、酒質が劣化する可能性があります。また、日本酒を長時間開栓したままにすると酸化が一気に進み、鼻につくような酸っぱい匂いがしてくることもあります。

特に火入れ（92ページ参照）をしていない生酒は酒質が変化しやすいので注意が必要です。私は、生酒（四合瓶）ですとフレッシュ感を楽しみたいため、開栓後3日以内くらいで飲み切るようにしています。火入れされている日本酒は常温保存でも大丈夫ですが、光と温度には気を付けた方が良いので、季節を問わず冷蔵庫に入れています。

日本酒は、しっかりした環境で保管して、ベストな状態で楽しみたいものです。万が一、酒質が劣化してしまった場合は、お風呂に入浴剤として入れると、アミノ酸によるお肌の美容効果が期待できます。煮物や炒め物の味わいをマイルドにしてくれる効果もあるので、料理酒としても活用できます。

第3章

［最新版］日本酒の基礎知識

押さえておきたいラベルの読み方と特定名称酒

世の中に数多ある日本酒。より自分好みの日本酒をどのように見つけていけば良いでしょうか。多種多様な日本酒を飲んだり、蔵めぐりをしたりするのも実践的で素晴らしいことです。さらに日本酒を見る目を養うために、まずはラベルに書かれている情報を押さえておきましょう。

ラベルとは、お酒自身のプロフィールや性格を表したもので、表と裏がありま す。表ラベルには銘柄や特定名称（62ページ参照）が記載されています。つまり、表ラベルは日本酒の顔と言えます。

銘柄は蔵によって、全国向けに発売されている銘柄と、地元だけで流通している銘柄があります。例えば、富山県・富美菊《ふみぎく》酒造の「羽根屋」は全国向けに発売されていますが、「富美菊」は地元限定の銘柄です。以前、東京駅構内の富山の食フェアで、「富美菊」が展示販売されていました。全国版「羽根屋」は大人気銘柄ですが、「富美菊」は富山に足を運ばないと手に入らないというレア感もあり、すぐに完売になったようです。

大吟醸酒や純米酒といった特定名称は、国税庁が定めた日本酒の8種類の名称です。醸造アルコールの添加や原材料の精米歩合などによって分類されています。かつては、日本酒級別制度（1940～1992年）により、「特級、一級、二級、三級、四級、五級」と分類されていた時代もありました。

特定名称酒制度が始まったのは、1990（平成2）年のことです。特定名称は8種類もあり、混同しやすいのではないでしょうか。ここで、私の特定名称の覚え方を、3つのポイントでご紹介します。

①純米酒、純米大吟醸酒など、「純米」とつくものは醸造アルコールは添加されていない

②純米吟醸酒、吟醸酒など「吟醸」と「特別」は、精米歩合60パーセント以下

特定名称酒８種類

特定名称	使用原料	精米歩合
純米大吟醸酒	米、米麹	50%以下
純米吟醸酒	米、米麹	60%以下
大吟醸酒	米、米麹、 醸造アルコール	50%以下
吟醸酒	米、米麹、 醸造アルコール	60%以下
純米酒	米、米麹	規定なし
特別純米酒	米、米麹	60%以下、 または特別な 製造方法（※）
本醸造酒	米、米麹、 醸造アルコール	70%以下
特別本醸造酒	米、米麹、 醸造アルコール	60%以下、 または特別な 製造方法（※）

★米麹使用割合はすべて「15%以上」

※「特別な製造方法」についての明確な基準はなく、蔵の判断に任せている

③大吟醸酒、純米大吟醸酒など「大吟醸」とつくものは精米歩合50パーセント以下

今こそ、特定名称について、それぞれの違いを明確にして頭をスッキリさせましょう。

ちなみに、貴醸酒（仕込み水の代わりに日本酒で仕込む）、等外米（等級付けされなかったお米）を使用した日本酒は、特定名称を名乗れず、普通酒として扱われます。

また、表ラベルはその銘柄の書体や色、デザインなどが見た目を大きく左右します。山形県・高木酒造の蔵元杜氏、高木顕統《あきつな》さんは「十四代」が無名の頃、酒屋の冷蔵庫の中でも埋もれずに見つけてもらえるよう、どの蔵もやっていなかった「十四代」の文字そのものを煌びやかなカラーデザインにしたのは、日本酒通であればご存じの方も多いはず。人と人の出会いと同じで、日本酒もまたファー

表ラベル(例)

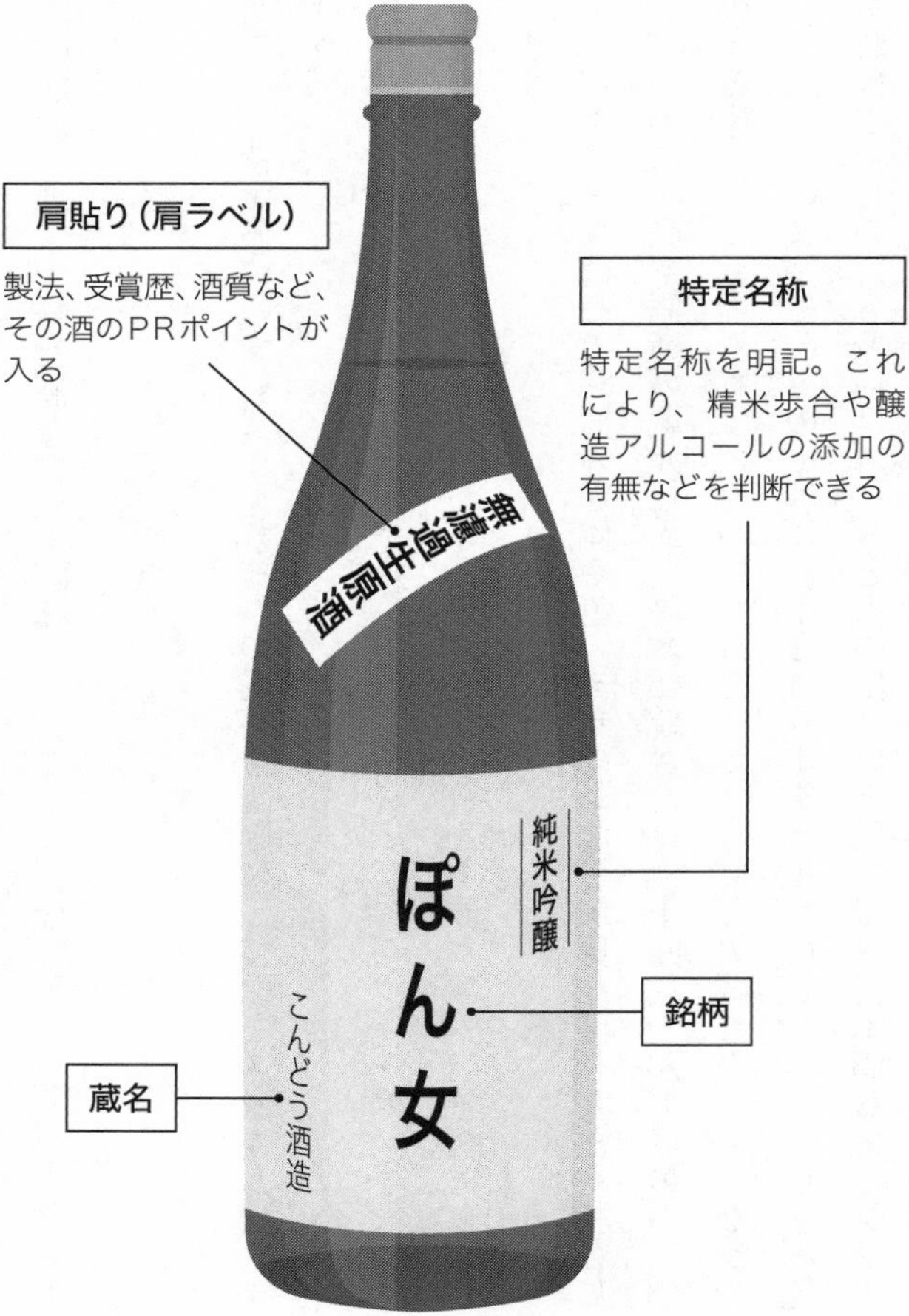
肩貼り(肩ラベル)
製法、受賞歴、酒質など、その酒のPRポイントが入る
無濾過生原酒
特定名称
特定名称を明記。これにより、精米歩合や醸造アルコールの添加の有無などを判断できる
純米吟醸
ぽん女
銘柄
こんどう酒造
蔵名

ストインプレッションが大切です。

続いて、その日本酒のプロフィールともいえる裏ラベルについてです。裏ラベルには原材料名、精米歩合、アルコール度数、使用酵母（※別の項で説明）、日本酒度、酸度、アミノ酸度、容量、製造年月、製造者の名称、製造所の所在地などが記載されています。

ただ、「裏ラベルの先入観だけで飲んでほしくない」と考える蔵元も増えており、それが私の記憶に強く刻まれています。日本酒を新鮮な気持ちで感じてほしいと、お酒のラベルには最小限のデータしか記載しないケースもあります。ラベルの情報は、あくまでも一つの目安であることも覚えておいていただけるとうれしいです。

次に、裏ラベルのデータについて説明します。日本酒度とは、甘い↕辛い（スイート↕ドライ）の指標です。日本酒の糖分の比重をプラスマイナスで表現します。傾向としては、プラスの数値に向かえば辛くなり、マイナスの数値に向かえ

裏ラベルに記載されている内容

原材料名	米、米麹など使用されている原材料名を表記
精米歩合	玄米100%に対して、どれだけ磨いて残ったかを示す数値。（例）精米歩合70%の場合は、30%を削っているという意味
アルコール度数	100㎖中に含まれるアルコールの㎖。15～16度が平均
使用酵母	使用されている酵母を表記
日本酒度	日本酒に含まれる糖分の比重を数値化。プラス（＋）の数値が高いほど辛口、マイナス（－）の数字が大きいほど甘口の傾向にある。ただし、あくまでも目安
酸度	日本酒に含まれる酸（コハク酸、リンゴ酸など）の量を示す。日本酒度が高くて酸度が低ければ淡麗辛口、日本酒度が高くて酸度が高ければ濃厚辛口という目安が立てられる。平均値は毎年変わる
アミノ酸度	日本酒に含まれるアミノ酸の数値。アミノ酸が多いと濃厚に、少ないとすっきりとした味わいの傾向がある。平均値は毎年変わる
容量	瓶内に入っている日本酒の量
製造年月	特定名称酒は出荷した年月、普通酒は瓶詰めした年月。酒造年度のBY（Brewery Year）で表示されることも多い。BYとは、その年の7月1日から翌年の6月30日までの1年間を指す（R4BYの場合、2022（令和4）年7月1日から翌2023年6月30日までに造られた酒となる）
製造者の名称など	酒造会社の名称や住所などを表記

ば甘くなります。

酸度は、日本酒に含まれている有機酸の量です。冷やすとおいしいリンゴ酸、クエン酸、温めるとおいしいコハク酸、乳酸など、多種多様な有機酸が含まれています。酸度と日本酒度の関係性は深く、この2つの組み合わせによって、大まかな酒質がわかります。日本酒度がプラスに高く、酸度が低い場合は、淡麗辛口。日本酒度がプラスに高く、酸度が高い場合は、濃厚辛口となります。

アミノ酸度は、まさに日本酒の旨味のもと。昆布やチーズに多く含まれるグルタミン酸もアミノ酸の一種です。日本酒には、白ワインの約10倍のアミノ酸が含まれています。

前述したように、ラベルの情報はあくまでも目安です。最終的にはご自身の舌で、その味を確かめていただくことをおすすめします。

日本酒度と酸度の関係

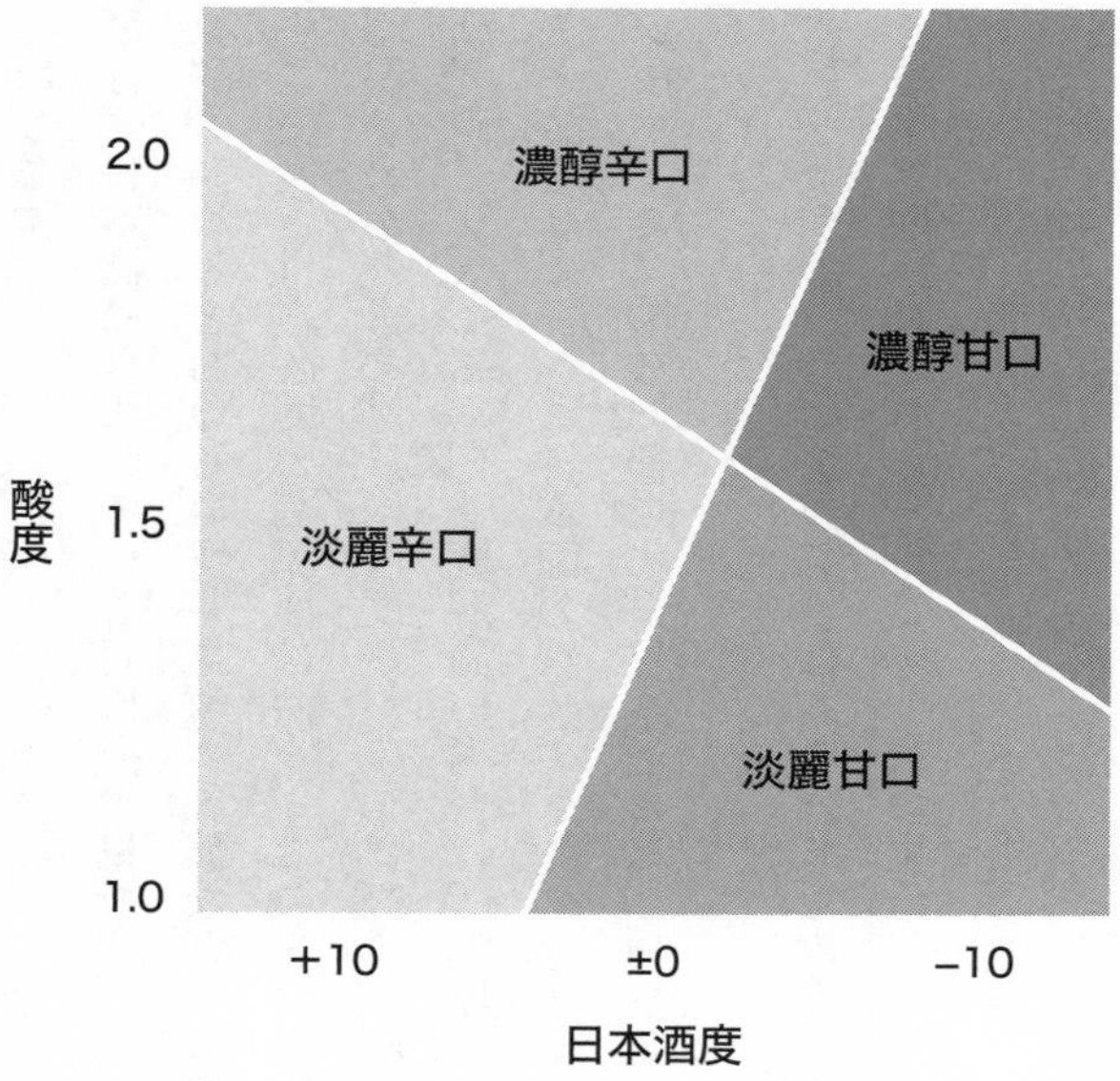

【表の見方例】
日本酒度が＋５で、酸度が 1.2 の場合は「淡麗辛口」。
日本酒度が＋５で、酸度が 1.8 の場合は「濃醇辛口」となる。
※図の引用は朝日酒造㈱ HP「KUBOTAYA」より

「日本酒の定義」とは

日本酒には定義があります。その定義について学んでいきましょう。

酒税法上、「日本酒」は通称で、正式名称は「清酒」と定められています。

また、日本酒の原材料は、「米・米麹・水」とされています。(原材料については、75ページ参照)

さらに、アルコール度数は「22度未満」のものと定義されています。日本酒の発酵において、ほとんどの酵母(93ページ参照)は、約22度を超えるとアルコールを生成することができなくなるからです。

国税庁による2020(令和2)年度の特定名称酒のアルコール度数(全国平均値)は、約15・4度です。近年は、ほぼ横ばいに推移しています(2022年国税庁の全国市販酒類調査結果より)。

その平均値よりも大幅に低い日本酒を早い段階でリリースしたのが、「真澄」

清酒の定義

① 米・米麹・水を原材料として発酵させてこしたもの（※1） アルコール分が 22 度未満のもの（※2）

② 米・米麹・水および清酒かすその他政令で定める物品を原材料として発酵させてこしたもの（※1） アルコール分が 22 度未満のもの（※2）

※1…発酵後、もろみと酒粕と清酒に分けること
※2…酒税法上の表現でアルコール度数のこと

で知られる長野県・宮坂醸造です。２００６（平成18）年に発売された「みやさか　やわらか純米」はアルコール度数12度。誕生のきっかけは、ホテルオークラの和食料理長の「ランチでワインやビールは出るのに、日本酒は出ない。ワインと同じくらいのアルコール度数12度の日本酒を造ってほしい」という一言でした。「みやさか　やわらか純米」の生みの親で「信州の名工」にも認定されている那須賢二杜氏に、開発当時のお話をうかがいました。

「過去の低アルコール開発の文献を読み、試験醸造を重ね、次の酒造年度には製品化に至ったのです。酒に加水（原酒にお水を加える）しただけでは、ただの薄い酒になってしまいおいしくありませんから」

そこで行き着いたのが、2種類の原酒をブレンドする製法でした。宮坂醸造が当時保有していたアルコールを多く生成しない酵母で造った原酒をベースとし、既存商品の原酒とブレンドしたあとに加水することで、5種類の成分値（アルコール度数、日本酒度、エキス分、酸度、アミノ酸度）（66ページ参照）が理想的なものとなったようです。

アルコール度数を下げるためには単に加水するのではなく、酒質の全体像を緻密に改良しなければいけないのに、次の酒造年度には製品化されたという那須杜氏の腕の確かさに、私は感銘を受けました。

ホテルでの評判も上々だった「みやさか　やわらか純米」は、その後も製法を模索し、酒質改良が重ねられています。

蔵元の宮坂勝彦さんは「数年前までは、米国での人気が高かったのですが、最近は国内でもニーズの高まりを感じます」と年々、手ごたえを感じていらっしゃいます。

低アルコール日本酒は、今や全国的にも数多くリリースされるようになりました。近年はさらに加水（84ページ参照）せず、原酒で低アルコールを造る技術が発達。アルコール度数が低くても、バランスよく、飲み応えのある酒質が人気となっています。

酒税法で定められている条件は他にもあります。清酒は発酵させて「こす」工程を終えたものと定義されています。「こす」とは上槽《じょうそう》、搾《しぼ》るなどとも言い換えられます（90ページ参照）。

ちなみに、発酵させて「こしていない」ものを、「どぶろく」と言います。かつてどぶろくも日本酒と同じ清酒の酒造免許が必要でした。その後、2002（平成14）年にどぶろくの製造条件が緩和。と言っても、誰もがどぶろくを製造できるわけではありません。「その他の醸造酒（濁酒）」の製造免許や、「特区内に所在する自己の酒類の製造場において、濁酒の製造を行う」など、特定の条件を満たした人のみに製造権が与えられています。その後、岩手県遠野市を皮切りに、北海道長沼町や高知県三原村など全国にどぶろく特区が誕生しています。そのおかげで私たちは、多彩な風味のどぶろくを楽しむことができます。

さて、日本酒の定義にお話を戻しましょう。「日本酒」と名乗るには、実は条件があります。その一つが日本酒の地理的表示「ＧＩ制度」（Geographical

Indication）です。

ＧＩ制度は２０１５（平成27）年にスタート。フランスのシャンパーニュやボルドーのように、風土や気候の特性を活かした、その地域だけの高品質なものに与えられます。そのＧＩ制度では、日本国内で生産されたものしか「日本酒」と名乗ることができません。

例えば、キャスターが「フランス産の日本酒が誕生しました」というニュースを伝えたとします。実は、このアナウンスは間違っている表現です。正確に伝えようとすれば、「フランス産の清酒が誕生しました」となります。

酒税法やＧＩ制度による日本酒の定義をしっかり押さえて、知識の幅を広げていきましょう。

日本酒の原材料

日本酒の原材料は、主に「米、麹、水」です。これらが酒質にどう関わっているのか、それぞれの特徴を学びましょう。

最初は米についてです。酒造りには、山田錦や五百万石など「酒造好適米」と呼ばれるお酒造り専用の米を使用します。ただ、最近は飯米を使うところも多くなっています。(78ページ参照)

酒造好適米の一番の条件は、米の中心部分に心白《しんぱく》があること。その心白は、周りに比べると白く、軟らかいのが特徴です。さらに、大粒、たんぱく質・脂質が少ないなどの条件もあります。これらの条件をすべてクリアした酒造好適米には、格付けがあり、特上、特等、1等、2等、3等に分かれています。この条件に当てはまらないものを「等外米」と言います。

米を使って作る麹は、日本酒造りにおいてまさに主人公といえる存在です。麹とは、「蒸した米に麹菌を繁殖させたもの」。麹菌は、人間にとって有益なカビの一種で、日本では「国菌」とも呼ばれています。

麹菌が蒸した米に付着すると、麹菌の酵素作用により米のでんぷんが糖に変わります。酵母はその糖を吸収し、アルコールと二酸化炭素に分解します。これをアルコール発酵と言います。酵母は、高分子のでんぷんのままでは吸収できず、低分子の糖に分解されて、初めて吸収することができます。つまり麹がなければ酵母が働けず、日本酒は造れないということです。麹が日本酒造りの要《かなめ》であることは、しっかり覚えておきましょう。

麹と並び、日本酒造りに欠かせないのは、成分の約8割を占めている水。飲み口やキレといった酒質に大きな影響を与えます。酒造りで使用される醸造用水のことを、「仕込み水」と呼んでいます。災害や地下鉄の建設などで水脈が変化してしまう可能性もあり、ほとんどの蔵では定期的に水質検査を行っています。

水は硬度も大切です。水の硬度は、水に含まれているカルシウム、マンガン、マグネシウムなどの濃度をベースにして算出されます。濃度が低い方から、軟水、中硬水、硬水に分類されます。

水の硬度は酒質に影響を与えます。軟水で仕込むと、クリアで優しくまろやかに。中硬水では発酵力がやや高く、キレのある辛口に。硬水では発酵力が高く、コクのある力強い酒質になる傾向があります。

さらに、水は蔵の将来設計にも大きなウエイトを占めています。東日本大震災で蔵が全壊した、「伯楽星《はくらくせい》」で名をはせている新澤《にいざわ》醸造店（宮城県）は、大崎市から岩手県との県境にある川崎町の蔵への移転を英断しました。

その理由について蔵元の新澤巌夫さんは、「再び地震が起きても耐えられる地盤や再開スピードも重要でしたが、一番は日本酒の品質を確実に上げるための水脈に恵まれていたことです」と話してくださいました。また、移転前は約40キロ先の奥羽山脈系まで水を取りに行かなければならず、使用できる水の量も限られていました。それも移転後は、蔵内に直接水を引き、何よりも豊富な量を思う存分、使うことができるようになったということです。

また、「よこやま」の醸造元、重家酒造（長崎県）の蔵元杜氏である横山太三さんが、壱岐島に28年ぶりの日本酒蔵を復活させる決め手となったのも、水でした。清らかな水でしか自生しないアスパラガスで使用していた地下水を発見したときに、「ここで日本酒を造れると確信した」と、満面の笑顔で語ってくださったことがあります。

日本酒造りにおいて、いかに水が酒質と密接に関わっているのかおわかりいただけましたでしょうか。

酒造好適米と飯米

農林水産省農産局の「日本酒をめぐる状況」（２０２２年）によりますと、日本酒の原料米は、一般的に流通している米（飯米、加工米など）の他、酒造りのために開発された農家との契約栽培を中心に作られている「酒造好適米」が使用されています。

日本酒の酒造好適米の生産状況は、新型コロナウイルス感染症拡大の影響により生産抑制を行ったため、2020（令和2）年は8万5000トン程度で、2019（令和元）年よりも1万4000トン減少しています。このうち兵庫、新潟、長野、秋田、岡山の5県で生産量の5～6割を占めています。

約100種類ある酒造好適米の中でも、特に「山田錦」「五百万石」は全国の蔵からのニーズが高く、この2銘柄だけで酒造好適米の5～6割を占めている現状です。

酒造好適米の取引価格は、高値の傾向にあります。その理由は飯米に比べて栽培が難しいとされているからです。

では、日本を代表する酒造好適米の特徴を、生産割合の多い順にご紹介します。

1位「山田錦」（原産地は兵庫県）

粒が大きく心白は酒造りにおいて理想的な大きさ。華やかな香り、豊潤できれいな味を醸す。

2位「五百万石」（原産地は新潟県）

淡麗辛口。爽やかですっきりした風味の傾向がある。

3位「美山錦」（原産地は長野県）

吟醸系に使用されることが多く、軽やかでキレの良い風味。

4位「雄町」（原産地は岡山県）

日本最古の酒米。味わいのボリューム感がしっかりある、コクの深いタイプを生み出すことができる。

最近は、北海道産の酒造好適米「吟風《ぎんぷう》」「彗星」「きたしずく」の3品種が全国の酒蔵からも注目されています。「吟風」は、北海道産米が全国に広がるきっかけになった品種で、心白が大きく、芳醇な香りでバランスの良い味わいを生み出します。「彗星」は大粒で、淡麗な味わいの傾向。「きたしずく」は雑味が少なく、柔らかい味を表現できます。

他にも、各県が地産地消を目指し独自に開発する『地域米』として「蔵の華」(宮城)や「秋田酒こまち」(秋田)、一度は途絶えてしまった品種をよみがえらせた「亀の尾」(山形)、「渡舟」(茨城)などの『復活米』、また『飯米』では「ぎんさん」(秋田)、「日本晴」(広島)などの品種があります。

「ササニシキ(飯米)は蔵のアイデンティティ」と言い切るのは、「乾坤一《けんこんいち》」醸造元の大沼酒造店(宮城県)の蔵元、大沼健《たけし》さんです。

宮城県は1986(昭和61)年、県産の飯米ササニシキ100パーセントの純米酒造りを目指し「みやぎ・純米酒の県宣言」を行いました。

宣言を受け、当初は県内の全蔵がササニシキを使用していました。しかし、その状況は次第に変わっていきます。大沼さんは、以下のように当時のことを振り返ってくださいました。
「当時うちで、主に酒造りを仕切っていた南部杜氏は、酒造好適米に比べて硬さがあり、旨味や甘味を出しにくいササニシキに抵抗があったようです。さらに、ササニシキは、稲に発生するいもち病にも弱く、１９９３（平成５）年の大冷害で一気に栽培量が減少していきました」（大沼さん）
ササニシキを使用する蔵も徐々に減っていったものの、大沼酒造店は、硬くて味を出しにくいササニシキの特徴を逆手に取り、食事と一緒に楽しめるスッキリとした辛口の味わいを安定的に表現することに成功したのです。
蔵のフラッグシップとして、ササニシキ1本で醸し続けた「特別純米辛口」は、東日本大震災をも乗り越え、２０２２（令和４）年に25周年を迎えます。同年初めの大きな地震により蔵が被災し、予定した数量を造ることは叶いませんでしたが、限定数量にて25周年記念ボトルが発売されました。今や「乾坤一」を代表する、宮城の風土を体現できる純米酒として多くの人々に親しまれています。

日本酒の造り方（精米～麹造り）

現代の酒造りの礎ができたのは江戸時代と言われています。蔵人たちは長い年月をかけ、醸造技術を磨きながら受け継いできました。世界中の酒のなかでも、最も複雑で繊細といわれる日本酒造りについて解説します。

蔵により多少異なりますが、日本酒造りのスタンダードな工程を見ていきましょう。

まずは、お米の周りを削る（磨くとも言われます）「精米」。米の表面に分布するたんぱく質や脂質は、多過ぎると酒の雑味になるため、精米機で取り除きます。ほとんどの蔵は精米業者に委託しますが、精米機を導入し、自家精米する蔵も増えつつあります。

精米後は、お米を水で洗う「洗米」。ぬかや小さなごみなどを洗い流します。昔はすべて手洗いでしたが、近年は洗米用の機械を使って洗う蔵が増えています。

一般的な日本酒造りの工程

①精米
↓
②洗米
↓
③浸漬《しんせき》
↓
④蒸米《じょうまい》
↓
⑤放冷
↓
⑥麹造り
↓
⑦酒母造り
↓
⑧仕込み
（もろみ造り）
↓
⑨上槽《じょうそう》
↓
⑩おり引き
↓
⑪ろ過
↓
⑫火入れ
↓
⑬貯蔵（タンク）
↓
⑭加水
↓
⑮火入れ
↓
⑯瓶詰め

※上槽以降の工程は、日本酒の種類・蔵によって異なる。

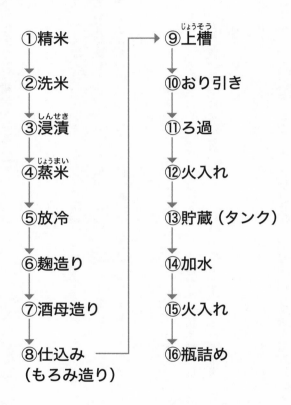

ただ、公的な権威あるコンペティション「全国新酒鑑評会」（230ページ参照）の出品酒や大吟醸などの高級酒は、ほとんどが手洗いで手間暇をかけて造られています。

洗米を終えると、お米を水に漬ける「浸漬《しんせき》」を行います。吸水時間は米の種類、精米歩合などによって変えます。「三井《みい》の寿《ことぶき》」（福岡県）の蔵元、井上宰継《ただつぐ》さんは、「杜氏が翌日の天気と気圧によって、毎日の吸水時間を秒単位で変えるのは当たり前。基本的にお米は蒸す前日に洗うので、翌日の天気を見越して吸水させています。翌日が晴れならば吸水率を高め、雨ならば低くします。すべては毎回、同じ蒸米に仕上げるためです」と、リアルなこだわりを教えてくださいました。浸漬を終えた米は、直ちに水切りを行います。まさに時間との戦いです。

浸漬を終えると、お米を蒸す「蒸米《じょうまい》」。私たちが食べる飯米は炊きますが、日本酒造りでは蒸します。炊くより蒸すことで、米のでんぷんがα化しやすくなるからです。α化とは水や熱を加えることによって、でんぷんの分子が規則性を失い、糊化すること。これにより、麹造りのときに、麹による糖化が促進され、麹菌が蒸米に繁殖しやすくなります。

「八海山」の八海醸造（新潟県）の田中勉製造部次長は、大きな分厚い手で、もくもく蒸気が出ている熱々の蒸米を、一握りつかんで私にくださったことがあります。一口含んでみると、蒸米の周りは硬めでも中はモチモチで、かめばかむほど、想像以上に深い甘さを感じるではありませんか。飲み込んでからも、しばらく心地良い甘味の余韻が続きました。これはまさに理想的な蒸米とされる、外側が硬く、内側が軟らかい「外硬内軟《がいこうないなん》」でした。

その蒸し上がった米の熱を取るのが「放冷」。なぜ冷ます必要があるのでしょうか。それは、麹菌は温度が高過ぎると繁殖できないからです。蒸し上がったばかりの米は、100度近くもあります。このあと麹菌を蒸米に付着させますが、最終的には体温よりもやや低い34度くらいまで下げます。

「播州一献《ばんしゅういっこん》」の山陽盃《さんようはい》酒造（兵庫県）では、蒸米の用途によって放冷方法を変えています。掛米《かけまい》用には放冷機を使用。麹、酒母用には、10度に温度管理されている放冷室に蒸米を広げ、自然放冷を行っています。また、「白鶴」（兵庫県）の高級ラインの蔵に伺った際には、蒸米は一部屋に広げて窓を開け、六甲山から吹いてくる「六甲おろし」で冷ましていました。最新鋭の機械を駆使しながらも、乾燥した自然の風を活用するという伝統も大切にされているのです。

次はいよいよ、日本酒造りの要といえる「麹造り」です。麹とは「蒸したお米に麹菌を繁殖させたもの」で、その出来具合が酒質を左右します。麹室《こうじむろ》に冷ました蒸米を運び、約2日間かけて作られます。

種麹を蒸米に付着させ、麹菌が蒸米に繁殖することを「破精《はぜ》」と言います。「破精」には、「総破精型」と「突き破精型」があります。「破精」のタイプによってできる酒質の違いを、「くどき上手」醸造元の亀の井酒造（山形県）の蔵元杜氏、今井俊典《としふみ》さんが、丁寧に解説してくださいました。「総破精型は、蒸す前に水を多く吸わせた蒸米を使います。蒸米の周りには水分が十分にあるため、麹の菌糸が生育しやすい環境となっています。そのため、麹菌の菌糸は蒸米の表面を覆うようにびっしりと短い菌糸をのばして広がり、酵素力が強い麹ができあがります。酒質は旨口でしっかりした香りに仕上がる傾向があります」

また、突き破精型については「水をあまり吸収させないで蒸したお米を使用しています」と今井さん。その理由は、「蒸米の表面水分が少ないので、菌糸は水分を求めて蒸米の中まで長く菌糸を伸ばすから」とのこと。一言で麹といっても、製法によって破精込み方が変わり、できあがる酒質も違ってくるのです。

今井さんは「この突き破精型は、30、40年前までは雑味のない吟醸系の酒質に向いていました。今は種麹が進化したこともあり、甘酸っぱい酒質、ガス感のあるきれいな酒質など多種多様な造りを可能にしています」と最新情報にも触れてくださいました。

ここまでが、麹の造り方です。次はいよいよ酒のもととなる「酒母」へと続きます。

日本酒の造り方（酒母造り～貯蔵）

麹が完成すると、酒のもとである「酒母《しゅぼ》」を造ります。酒母を造る目的は、酵母を大量に増殖させること。これにより、この後の「仕込み」におけるアルコール発酵がスムーズになります。酒母は乳酸と酵母を添加する一般的な「速醸酛」、基本的には乳酸も酵母も添加しない伝統製法「生酛」「山廃酛」の3種類があります。

酒母ができあがったら、「仕込み」がスタート。仕込みは、原料を3回に分けて投入する「三段仕込み」が主流です。原料を一度に投入しないのは、酵母を安定的に育成しアルコール発酵を円滑にするためです。日本酒特有の並行複発酵により、アルコール発酵が十分に進めば「もろみ」の完成。もろみタンクに顔を近づけただけでも、リンゴやバナナのようなおいしそうな香りがしてきます。「羽根屋」の富美菊酒造（富山県）の上槽前日のタンクでは、もろみの高級なバニラクリームのようなかんばしさが鮮明に記憶に刻まれました。

「上槽《じょうそう》」とは、もろみを搾ること。できあがったもろみは上槽され、酒と酒粕に分けられます。上槽の方法は、目指す酒質によって様々。多くの蔵で使用されている自動もろみ圧搾機（通称ヤブタ）は、アコーディオンのような形が特徴です。袋の中には2枚のパネルが入っており、空気圧によって開いたり、閉じたりします。これによって酒粕は袋に残り、お酒は管をつたってタンクに貯蔵されます。

上槽の方法は他に、槽《ふね》（木製の舟のような形）の中に、もろみを入れた袋を敷き詰め、上から圧力をかける「槽搾り」、もろみを袋に入れ、その重さで自然に垂れる雫をためる「袋吊り」などがあります。

上槽後の酒は米の破片などのおりが混じり白濁しています。数日置き、おりを沈殿させ「おり引き」を行います。その後、「ろ過」を行い、おりを完全に取り除きます。最近では、おり引きとろ過が同時にできるSFフィルターを導入する蔵も多くなってきているようです。

上槽のタイミングによって「荒走り」「中取り」「責め」の3種類があります。最初に出てくる「荒走り」は、炭酸ガスのシュワっとした口当たりとフレッシュ感が特徴です。「中取り」はバランスの良い安定した酒質で、荒走りの次に出てきます。「責め」は最後に出てくる雑味があって複雑な酒質です。

同じ蔵のタンクでも、上槽のタイミングが違うだけで風味が変化するのも日本酒の魅力です。ちなみに、通常行われる3種類のブレンドは、毎年同じ味に仕上げるために高度な技術が必要です。

せんきん（栃木県）の「仙禽」は毎年新酒の時期になると、同じタンクから搾った「荒走り」「中取り」「責め」の3種類を発売します。私は毎年、この3種類を同じ形状のグラスに注ぎ条件を同じにしたうえで、風味の違いを飲み比べます。今年は、これまでにはないシャープで軽快な味わいを感じました。

その理由について蔵元の薄井一樹さんは「世界中の料理の味わいが軽くなっています。日本酒も料理の傾向に合わせていく必要があると考えました。今年は日本酒の持ち味である『旨味』＝『アミノ酸』を減らして、飲みやすくしていきます」と説明してくださいました。ソムリエでもいらっしゃる薄井さんならではの、グローバルなペアリングの視点です。

話を日本酒造りに戻しましょう。

ろ過後、通常2回の「火入れ」を行います。1回目はろ過後、2回目は瓶詰め前。火落ち菌や酵母などの微生物を死滅させ、さらには残存する酵素の働きを止め、劣化を防ぐことが目的です。ろ過を一切しないものを「無ろ過」と言います。

火入れを済ませた酒は、タンクや瓶で一定の温度に保たれて「貯蔵」されます。酒の味にまるみをもたせ、落ち着かせることが目的です。

貯蔵したあとは「加水」し、アルコール度数を15度前後に調整します。水を一切加えないものを「原酒」と言います。その後、2回目の火入れを行い、「瓶詰め」されます。

「上槽」以降の工程は、日本酒の種類や蔵によって異なります。

泡あり酵母と泡なし酵母

酒造りに欠かせない酵母は17世紀後半、オランダ人の衣類商レーヴェンフック氏により発見されました。当時は、酵母がアルコール発酵をするメカニズムまではわかっていませんでした。

酵母は単細胞生物で、もともと自然界に生息しています。酵母の大きさは、約5〜10マイクロメートル（1マイクロメートルは1ミリメートルの1000分の1）。重さは、100億個集まっても約1グラムにしかなりません。

日本では1906（明治39）年、灘の「櫻正宗」で蔵にすむ蔵付き酵母から最初に分離され、優秀な株だけを培養。日本醸造協会から「きょうかい1号酵母」

として販売されるようになりました。その後、「きょうかい5号酵母」まで酵母の分離が行われましたが、性質はそこまで良くはなく、今はほとんど使われていません。

酵母には、「泡あり酵母」と「泡なし酵母」があります。この泡とは、アルコール発酵の際に発生し、タンク内で積み重なって高く上がってくるものです。以前は泡あり酵母が主流でした。蔵人は「泡消し」(タンク内でアルコール発酵中に発生する泡を消す作業)やタンクからあふれた泡の清掃作業に苦労したのだそうです。今では全国の蔵のほとんどが、泡なし酵母を使用するようになったと言います。

その泡なし酵母が最初に発見されたのは1916年。1963年から育種の研究がスタートしました。

現在、全国の蔵で主に使われている酵母は以下のようなものがあります。

・「6号酵母」

秋田県の新政酒造の蔵から1930(昭和5)年に分離された「きょうかい6号酵母(泡あり)」は現在使われている酵母として最も古いもの。淡麗で穏やかな香り。泡なしは「きょうかい601号」(01がつくものは泡なし)

・「7号酵母」

長野県の宮坂醸造の蔵から1946(昭和21)年に分離された「きょうかい7号酵母(泡あり)」。華やかな香りと上品な酒質で、吟醸酒の誕生に大きな役割を果たす。泡なしは「きょうかい701号」

・「9号酵母」

熊本県の熊本県酒造研究所で1953(昭和28)年頃、野白金一《のじろきんいち》氏によって分離された酵母。「きょうかい9号酵母(泡あり)」、通称「熊本酵母」。7号よりも華やかな香りと爽やかな味で、多くの吟醸酒に用いられている。泡なしは「きょうかい901号」

・「10号酵母」

1952（昭和27）年、元仙台国税局鑑定官室長の小川知可良《ちから》氏が東北6県の各蔵から採取して選んだ酵母の中から選抜されたもの。「きょうかい10号酵母（泡あり）」、通称「小川酵母」「明利酵母」。上品な香りとおとなしい味で淡麗系。泡なしは「きょうかい1001号」

新酒とBY（酒造年度）

新酒とは、一般的にその年の酒造年度内に造られた日本酒のことです。酒造年度は、その年の7月1日から翌年の6月30日までの1年間で、日本酒のラベルにBY（Brewery Year）として表示されています。例えば、R4BYの場合、2022（令和4）年7月1日から翌2023（令和5）年6月30日までを意味します。

新酒誕生を知らせるものを「酒林《さかばやし》」または「杉玉《すぎだま》」と言います。蔵の軒先に酒林が吊るされた光景を、一度や二度は目にしたことがある方も多いのではないでしょうか。

酒林は、奈良県桜井市にある日本最古の神社「大神神社」（38ページ参照）に起源があるとされています。毎年11月14日、大神神社に全国の蔵元や酒販店が集い、「醸造安全祈願祭」が開催されます。酒造りの安全祈祷後、直径約1・5メートルもある酒林が新しく取り替えられます。この風習が全国の蔵にも伝わり、毎年、蔵の軒先には新酒の誕生を知らせる大神神社のミニチュア版の酒林が吊るされるようになりました。

新品の酒林は杉の葉が青々と生い茂っていますが、時間の経過とともに茶色く変色していきます。道ゆく人々は、その色の移ろいと新酒が熟成していく過程を重ね合わせて見ることができます。酒林は日本の風情を感じる蔵の象徴でもありますが、これを目印に毎年誕生する新酒を心待ちにしている方も多いことでしょう。

新酒の時期にぜひとも味わいたいのは、「無ろ過生原酒」「うすにごり」「活性にごり酒」です。

「無ろ過生原酒」は、ろ過も火入れも加水もしていない搾りたての酒。ダイレクトな米の旨味、みずみずしいフレッシュ感、口に含んだ瞬間のパワフルな口当たりを楽しめます。

「うすにごり」は、粗い目の網などで荒ごしして、おりを残しているとろりとした状態で、米の旨味もしっかり乗っているタイプ。楽しみ方は、一本でも①瓶におりが沈殿した状態のままの上澄み。②最後に残ったおりの部分、の2通り。木《き》屋正《やしょう》酒造（三重県）の中でも特に人気のある「而今《じこん》特別純米にごり酒」の、シャインマスカットのような気品ある香り、ビロードのような滑らかな舌触り、ピュアで微細な泡にしみじみと癒されたことがあります。

「活性にごり酒」は、蔵によって様々で明確な規定はありませんが、酵母による発酵が「うすにごり」よりも活発なため、炭酸ガスのシュワシュワとしたのど越しを一層楽しめる傾向があります。

開栓するときに泡が噴きこぼれないように注意点をご紹介します。まず、温度が上がると、炭酸ガスは瓶内の空間に逃げ、それによって噴きこぼれてしまいます。冷やすと炭酸ガスは液体に戻ります。それ故に活性にごり酒はよく冷やすと良いとされています。

開栓時には、蓋を少しずつ開けて、液面が上がり泡が発生してきたら、いったん蓋を閉めてください。完全に蓋を閉めると、液面が下がり始めます。また蓋を少しずつ開けていきましょう。この一連の動作を繰り返してみてください。

お恥ずかしいことに、私は何度となく活性にごり酒の開栓には失敗しているのです。万全を期するため、最近は調理道具のボウルの中で、慎重に開けるようにしています。せっかくの活性にごり酒をもう二度と、一滴も無駄にしたくないからです。

スパークリング日本酒の世界での躍進

シュワシュワした泡の爽快感が楽しめる「スパークリング日本酒」が人気です。「天山《てんざん》」(佐賀県)、「人気一」(福島県) など、様々な蔵元も続々とスパークリング日本酒を発売して人気を博しています。

スパークリング日本酒は、製法により3種類に分けられます。

① **「瓶内二次発酵」**

瓶内で酵母のアルコール発酵により自然の炭酸ガスが発生。

② **「活性にごりタイプ」**

発酵中のもろみを粗くこして、そのまま瓶詰め。発酵中の炭酸ガスのため、開栓のときは噴き出さないよう注意が必要です。

③ **「炭酸ガス注入」**

できあがった日本酒に、専用の装置を使って人工的に炭酸ガスを注入。酒税法上は特定名称酒を名乗れず、普通酒などの表記になります。

スパークリング日本酒は、米の旨味と泡の刺激による重層的な味わいが魅力ですが、味わいのタイプも「フルーティ」「軽快」「旨口」「熟成」（146ページ参照）と多彩です。種類豊富なスパークリング日本酒は、今やイベントの乾杯酒や一部のフレンチ、イタリアンの食前酒や食中酒としても、一歩一歩、地位を確立し始めています。

まだスパークリング日本酒を造る蔵が数社しかなかった頃、「世界に通用する日本酒を造りたい」と早い段階で研究を始めたのが、永井酒造（群馬県）です。最初に蔵元の永井則吉《のりよし》さんが挑戦したのは、にごり酒の中でも「活性にごり酒」（98ページ参照）。3年かけてガス圧、酵母、糖度などのバランスを試行錯誤し、700通りの製法の組み合わせから黄金比を発見して、商品化に至りました。

ただ、シャンパンのような世界標準の存在となるためには、お酒が白く濁っていては泡が見えないため、透明である必要があります。そこで2003（平成15）年から「瓶内二次発酵」「純米酒」「シャンパンと同等のガス圧」にもこだわり、今や永井酒造のフラッグシップとなる「水芭蕉PURE」の開発をスタート。前例のないたった一人での挑戦は、3年間で500回もの失敗を繰り返し、暗闇をさまようかのような日々でした。もがき苦しみつつも藁をもつかむ思いで、本場シャンパーニュ地方へ単独渡仏。事前に学びたい要点を整理して挑み、製造のノウハウやヒント、さらにはシャンパンにかける関係者たちの想像以上の情熱に至るまで、有意義な発見がたくさんあったようです。

帰国後、2年間で200回の失敗を繰り返しましたが、フランスで得た製法の原理原則のおかげで、以前とは違った発展的な失敗だったとのこと。そして、2008（平成20）年、ついに「水芭蕉PURE」が完成します。

「水芭蕉PURE」は、予想以上の華々しいデビューを飾ることになりました。

まず、国内では「東京国際映画祭2008」の乾杯酒に採用。それから数か月後には世界一予約が取れないスペインのレストラン「エル・ブリ」のメニューにオンリストされたのです。

「まさか、憧れの世界的なオーナーシェフからオファーがあるとは、心底驚きました」と永井さん。なぜ採用されたのか知りたくて、シェフに会いに行ったところ、「食材を探し求めて世界中を旅しているうちに、日本で見つけたのが水芭蕉PURE。シャンパンでもビールでもない、すべてのスパークリングにない初めてのテクスチャー（舌触り）です」と大絶賛してくださったそうです。

2020（令和2）年にはフランスで開催される日本酒のコンペティション「Kura Master（クラマスター）」スパークリング部門の最高位で入賞という快挙を達成。その後、審査員をつとめる約10名のトップソムリエたちが来日し、蔵訪問した際に、こんな素敵な言葉を残してくださいました。「フランスのワイン文化には当然誇りをもっているが、日本酒はそれに匹敵するくらい素晴らしい技術、文化、味わいがあります。フランスを訪れる世界の料理を知っているＶＩＰにワインだけではなく、日本酒も提供したい。日本酒の価値を一緒に上げていきましょう」

この言葉は、日本酒の未来に対する大いなる可能性を秘めています。

さかのぼること２０１６（平成28）年、永井さんは、価値ある日本酒スパークリングを普及させるという強い使命感のもと、蔵元９社で一般社団法人「ａｗａ酒協会」を設立し、初代理事長に就任。日本酒スパークリングの新たな価値観を共有する組織として、品質維持のための厳しい基準と第三者機関での検査をクリアした銘柄を「ＡＷＡ　ＳＡＫＥ」と認定しました。普及促進や市場の拡大につとめて様々な活動を行い、２０２２（令和）年現在は、全国28蔵元が加盟しています。

天皇誕生日レセプションや各国大使館の国際会議などでも採用されるようになった「ＡＷＡ　ＳＡＫＥ」、永井さんのグローバルな冒険はこれからも続きます。

一方、awa酒協会に所属する「七賢」の山梨醸造（山梨県）は、2022（令和4）年の春、日本酒の「国際化と高付加価値化」を掲げ、2万2000円（720ミリリットル）という超高価格で、大吟醸古酒（2006年）と新酒の純米酒をブレンドした瓶内二次発酵の「七賢 EXPRESSION 2006」を発表しました。

まず、山梨県立美術館が所有する19世紀フランスの画家ジャン・フランソワ・ミレーの「種をまく人」を用いたラベルを著名デザイナーに依頼。さらに、新作をイメージする音楽や映像を制作することでこれまでにない「高付加価値」を与えたのです。

この新作発表会で北原亮庫《りょうご》醸造責任者は「『種をまく人』のエネルギッシュさに強くインプレッションを受けました。その印象とリンクさせるような躍動感のある酒質を具現化しています」と、自信作であることを語ってくださいました。

試飲させていただいた「七賢　ＥＸＰＲＥＳＳＩＯＮ　２００６」は、ブルーベリーや青リンゴのような爽やかさと、カラメルのような香ばしさもある不思議な香り。フレッシュな透明感とまろやかな旨味もありました。さらに野生的で微細な泡が、みずみずしく弾ける音や食感。これまでにないハッとするような色気さえ、感じられたのです。

価格帯や従来の風味のイメージを凌駕《りょうが》していく超高価格のスパークリング日本酒からも、目が離せません。

第４章

日本酒との健康的な付き合い方

「酒は百薬の長」ではなくなった!?

私は「酒は百薬の長」と言われるように、適度に飲むお酒は健康に良いと信じて、日々を楽しんできました。ただ、それが根本から覆るような衝撃の研究発表があったのです。

これまで適度の飲酒は健康に良いとされる根拠のデータとして知られてきたのが、「Ｊカーブ」と言われるもの。これはお酒の健康効果が一目瞭然にわかる図で、横軸が飲酒量、縦軸は死亡リスクを表すグラフの形状が、Ｊカーブをたどるからです。

これは、適量の飲酒であれば死亡リスクは下がりますが、一定の量を超えて大量飲酒になればなるほど死亡リスクが上がっていくということです。私も、このグラフが示すＪカーブ効果を日々の飲酒の理由にして、安心しきっていました。

ちなみに、厚生労働省が２０００（平成12）年に提案した「節度ある飲酒量」

「J カーブ」のイメージ図

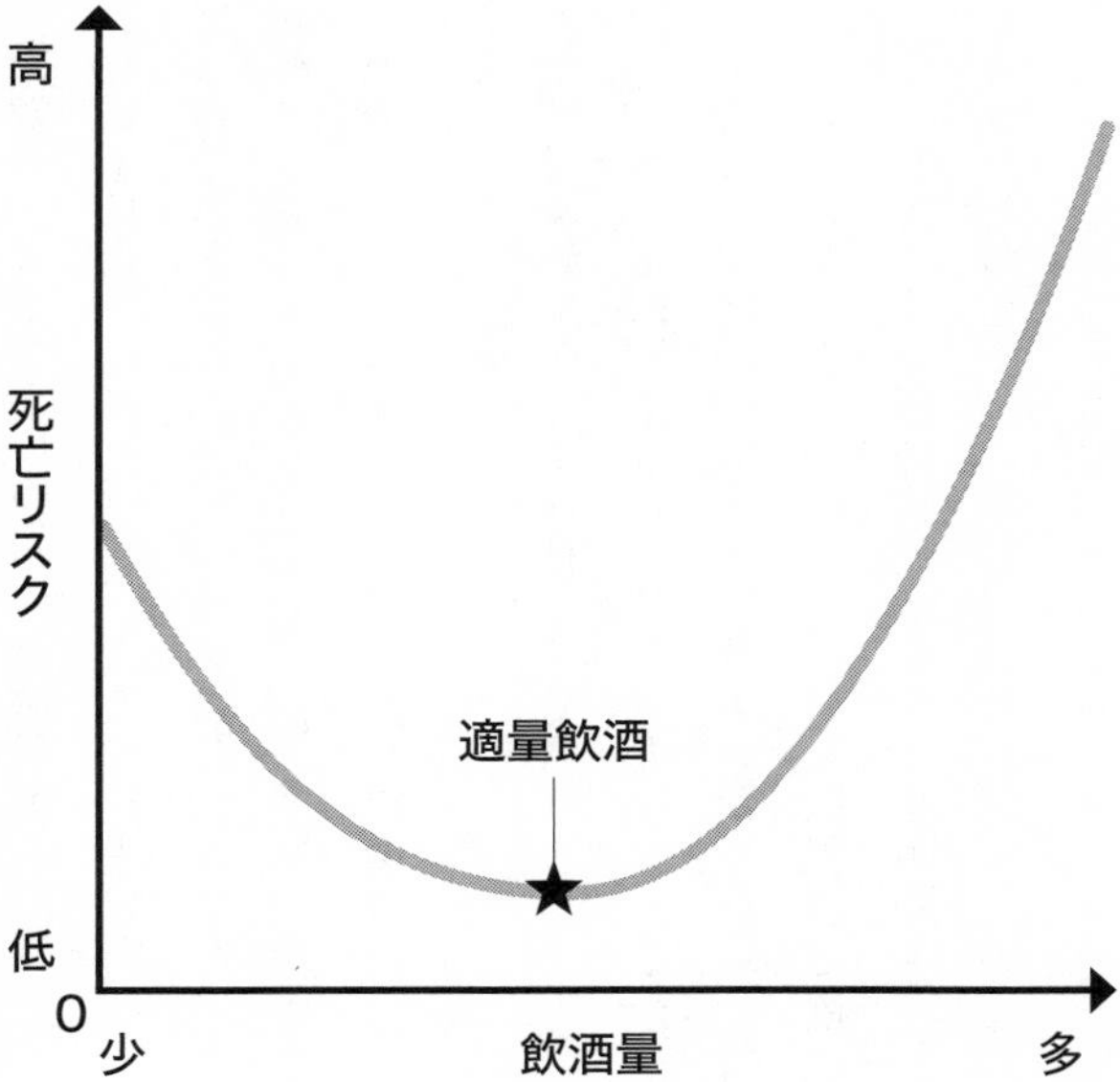

引用　e- ヘルスネット（厚生労働省）「飲酒と J カーブ」を元に作成
※虚血性心疾患・脳梗塞・2 型糖尿病などの場合

では、通常のアルコール代謝ができる日本人の男性1人当たりで、純アルコールに換算して1日当たり20グラム、女性は約半分の10グラムが適量とされています。純アルコールとは、お酒に含まれるアルコールの重さのこと。お酒の量（ミリリットル）×アルコール度数／100×0・8（アルコールの比重）で計算されるものです。複数の種類のお酒を飲んだ場合は、それぞれの純アルコールを足して計算します。

例えば、日本酒1合（180ミリリットル、アルコール度数15度）を飲んだ場合の純アルコールは、180ミリリットル×0・15×0・8＝21・6グラムとなり、1日に男性は1合、女性は0・5合くらいが適量であることがわかります。

ところが、2018（平成30）年、世界的に権威のある医学雑誌『Lancet（ランセット）』に、英国の研究として「基本的に飲酒量はゼロが良い」という論文が発表されたのです。

この論文では、1990〜2016年の195の国と地域におけるアルコール消費量と、アルコールに起因する死亡などの関係について分析されています。最終結論として、健康への悪影響を最小化するアルコールの消費レベルは「ゼロ」であるとされました。つまり、健康にとっては全く飲まないことが最も良いと結論づけられているのです。

この論文により、多くの医師・研究者が「少量飲酒が体に良いとは言えなくなってきた」と感じるようになっていると言います。

また、インパクトの強いこの結論は、テレビや新聞でも大々的に報道されました。飲酒は「ゼロが良い」という新事実は、私も信じたくはなかったです。

さらに、同じ『Lancet』に掲載された英国の研究報告によりますと「死亡リスクを高めない飲酒量は、純アルコールに換算して週に100グラムが上限」とされています。この論文では、アルコール摂取量が週に100グラム以下の人は死亡リスクが飲酒量に関わらず一定で、週に100グラムを超えると、約150グラムまでは緩やかに上昇、それ以上は急上昇しています。

以上のことから、この報告によって、「節度ある飲酒量」よりも、極めて少ない適量が推奨されているということがわかりました。

私が所属するJSA（一般社団法人　ジャパン・サケ・アソシエーション）でセミナー講師をさせていただく際、この報告を伝えると、受講生たちは皆、一様に驚かれます。

少量の飲酒でも病気のリスクが上がり、健康を保つためには「飲酒ゼロ」が理想的なのであれば、これからの人生、どのようにお酒と付き合っていけば良いのでしょうか。そのヒントについては、別の項目で述べることにします。

知っておくべき二日酔い対策

なぜ、人は二日酔いになるのでしょうか？

アルコールが体内に摂取されると、肝臓でアルコール脱水素酵素によってアセトアルデヒドに分解されます。このアセトアルデヒドは、人の顔が赤くなったり、頭が痛くなったりする毒性をもった物質。そのため、肝臓は優先的にアセトアルデヒドを、アセトアルデヒド脱水素酵素によって無害の酢酸へと分解します。

ところが、大量に飲酒して分解が間に合わなかった翌朝は、体内のアセトアルデヒドが分解されずに残っており、さらにはアルコールの脱水作用も加わってめまいや吐き気などのつらい症状が現れます。これが二日酔いです。

飲み過ぎると二日酔いになってしまうことは頭ではわかっていても、楽しい飲み会ですと、なかなかきりの良いところでやめられないものですよね。

では、飲み過ぎて二日酔いにならないためには、どんなことに気を付けていけばいいのか説明します。

最も避けたいのはチャンポン。チャンポンとは、ハイボールで乾杯し、日本酒、ワイン、ウイスキーなど数種のお酒を同日のうちに飲むこと。チャンポンをしてしまうと、自分が飲んだアルコールの総量がわからなくなり、酔いやすくなります。お酒が進むと、ついいろいろな種類のお酒を飲みたくなりますが、二日酔い防止のためには避けたほうが無難です。

例えば、体重50キログラムの人が、1時間に処理できる純アルコール量は5グラムと言われています。体重50キログラムの人が、日本酒を1合（純アルコール量約20グラム）飲んだら、そのアルコールを処理するのに約4時間かかるということです。アルコール処理能力には個人差がありますので、あくまで目安の時間です。

たった1合で4時間もかかってしまうのか、それとも4時間しかかからないのか、それぞれ受け止め方は違うとは思いますが、明らかな事実なのです。それを踏まえたうえで、飲酒量を考えると良いでしょう。

そして、「空腹で飲酒しない」ことも大切です。アルコールを飲んで胃で吸収されるのはたったの5パーセント。残りの95パーセントは小腸で吸収されます。そのため、アルコールが小腸に送られると一気に体内に吸収されます。小腸の内壁には「絨毛《じゅうもう》」と呼ばれる突起物があり、それらを含む小腸の面積は、テニスコート1面分に匹敵すると言われています。胃よりも小腸での吸収が早い理由は、その大きさが関係しているのです。空腹で飲酒をすると、胃にアルコールが留まる時間が短くすぐ小腸へ送られてしまうため、血中アルコール濃度（飲酒し、消化管から吸収されたアルコールが、血液中に移行した状態の濃度を指す）が一気にアップ。これにより、二日酔いや悪酔いが誘発されます。

つらい二日酔いや悪酔いを予防するには「オイルファースト」を心がけると良いでしょう。オイルファーストとは、飲む前にオイル（油分）を使った料理を食べることです。オイルは、血中アルコール濃度の急激な上昇を緩やかにする効果があります。また、オイルは胃での滞留時間が長いので、アルコールが体内で吸収されるスピードが遅くなり、悪酔いを防ぐことが可能です。例えば、唐揚げ、魚介のアヒージョ、オイルサーディンなどを飲む前に食べることをおすすめします。

「肝臓でアルコールの代謝を助けるもの」を食べるのも良いでしょう。例えば、タコ、イカに含まれるタウリン、ひまわりの種や大豆に含まれるL－システイン、ごまに含まれるセサミンです。恐ろしいことに、一度上がってしまった血中アルコール濃度をすぐに下げる方法はありません。しかし、アルコールを肝臓で代謝するのを助ける成分を意識して摂取することはできます。

さらに、「やわらぎ水を飲む」ことが大切です。お酒を楽しむときのチェイサーのことを、日本酒の場合は「やわらぎ水」と呼んでいます。私は、お店で日本酒を注文するときは、必ずお水をお願いしています。

やわらぎ水は、常温が体には優しいとされています。なぜならば冷たすぎる氷入りのお水は、内臓を冷やし、代謝を悪くしてしまうからです。とはいっても、常温のお水を注文するのは、お店側にもお手間を取らせてしまう可能性があるので、ひとまずは氷抜きでお水をお願いしています。

やわらぎ水にここまでこだわるのは、その効果を抜群に実感できるからです。

例えば、空腹で日本酒を飲むと一気に酔いがまわりませんか？　そんなとき、やわらぎ水を飲むと、体内のアルコール濃度が薄まり、血中アルコール濃度の急激な上昇を抑えることができます。

また、やわらぎ水は、脱水症状の緩和を促す効果があります。アルコールを飲むと利尿作用が促進され、脱水症状を引き起こしやすくなってしまうのです。そこでやわらぎ水を飲むことにより、脱水症状を緩和したり、頭痛を和らげたりすることができます。

それでも、二日酔いになってしまったときのために、翌朝の体調の不具合を少しでも改善できる効果のある食材をご紹介しましょう。

まず、たんぱく質とビタミンB_1。たんぱく質は小腸でアミノ酸に分解され、肝臓へ運ばれるとアルコール代謝を促してくれます。

豚肉、鶏肉、牛肉などの動物性たんぱく質、大豆製品などの植物性たんぱく質などを食べると良いでしょう。特に納豆や豆腐は、胃の不快感を緩和する効果があります。

そして、ビタミンB_1は、アルコールが分解されるときに大量に必要となる栄養素です。飲み過ぎた翌日はビタミンB_1が不足しがちになります。豚肉、うなぎ、たらこなどを積極的にとるようにしましょう。

ただ、食べ物が喉を通らないほどの不快な二日酔いのときには、とにかく水分を多く取るようにしてください。また、オレンジジュースも二日酔いに効くと言われています。オレンジジュースに含まれる糖分を摂取すると血糖値が上がり、脱水症状も緩和する効果があります。

健康的に飲み続けるための調整法

飲酒のリスクを知っても、お酒好きにとってお酒をやめることは、人生の楽しみを一つ奪われてしまうこと。日本酒と一生、健康的に付き合っていくためには、どんなことを意識すれば効果的なのか解説します。

まず、「純アルコール（110ページ参照）の適量を意識する」ことです。お酒に換算すると、日本人男性で1日当たり、「日本酒ならば1合弱」「ワイングラスでは2、3杯」「ビールの場合500ミリリットル」が適度な量とされています。ちなみに女性は男性の半分の量です。ただし、いきなり多くの量を減らすとストレスになってしまう可能性もありますので、少しずつの減酒を実践されてみてはいかがでしょうか。

例えば、日本酒1日3合が習慣になっている方は、1日2・5合に減らしてみて、継続できるかどうか様子を見てください。2・5合が習慣になってきたら、今度は2合に減らし、段階的に取り組んでいくという方法です。さらに、その過程を手帳やスマホなどにメモしておくと、減量できている数値を可視化することになり、成功率がアップするようです。

かくいう私も、20、30代の頃は、日本酒を1日3～4合くらいは飲んでいましたが、最近は1日1合以下で満足できるようになっています。とはいっても、たまの外食の際には量を気にせず飲んでいるので、「週2回程度は休肝日」をつくり、1週間でトータルの飲酒量を調整するように心がけています。

1日ごとで飲酒量を意識するよりも、1週間のスパンで実践する方が格段に取り組みやすかったです。飲み過ぎてしまった日も後悔せず、翌日や翌々日に、すぐに挽回できるからです。

1週間に飲む適量は、男性の大人1人当たり純アルコールにして約150グラム（休肝日を考えるなら約100グラム）となります。女性の適量は約半分であることは前述しましたが、お酒好きな私にとって一気に減酒するのはハードルが高いので、まずは男性の量で取り組み中です。週末にたくさん飲み過ぎてしまっても、月曜日、火曜日あたりで量をなるべく調整し、合計で純アルコール150グラム以内になるように心がけているのです。もちろん絶対に順守できるわけではありませんが、数値を意識することが、健康的に長く飲むための第一歩だと思っています。

また、「アルコールに代わる脳の報酬」についても知っておくと良いでしょう。アルコールは脳にとって快楽物質の一つなのだそうです。アルコールに頼らなくても、脳が他のことで快楽を感じられるようになると、減酒につながると言います。ジョギング、山登り、映画鑑賞など、アルコールに代わるような脳が喜ぶ報酬=趣味を見つけて楽しむのも一考です。

日本酒のストレス緩和効果

日本酒を飲むと気持ちが緩やかになりリラックスできます。これは、日本酒に多く含まれる「アデノシン」という成分によるものです。

このアデノシンは、体の血管を拡張し、血液の流れをスムーズにする働きがあります。つまり、血行が促進されることで体温が上昇しやすくなるのです。それにより、体がぽかぽかとしてきてリラックスすることができるというわけです。血行が促進されると筋肉もほぐれて緊張感がゆるみ、肩こりや腰痛も軽減される効果が期待できます。

また、アデノシンにより「IGF-1（インスリン様成長因子）」の分泌が促進されるという研究報告もあります。IGF-1とは、組織細胞の成長の促進や、傷ついた組織細胞の修復改善に関わる大切なホルモンの一つです。例えば、発毛、育毛、抜け毛予防にも効果を発揮すると言われています。日本酒を飲むことで、美髪にもなれる可能性があるということですね。

さらに、日本酒には白ワインの約10倍ものアミノ酸が含まれています。アルコール飲料の中で一番豊富な含有量です。アミノ酸とは、血管や内臓、皮膚、筋肉などのもとになるたんぱく質を構成している成分です。アミノ酸は人の体にとって、欠かせない重要な栄養素。そのアミノ酸を日本酒から摂取できるなんて、こんなうれしいことはありません。

この、アミノ酸に含まれる成分の一つ「セリン」には、角質内の水分や油分を保持して、肌のバリアを強める機能があります。日本酒を飲むことで美肌効果が期待できるのは、このセリンのおかげです。

また、脳にとっては日本酒に含まれるアルコールがリラックス効果につながっています。実は「脳は自らアルコールを欲している」という説があります。脳には「血液脳関門」と呼ばれる機能が存在します。これは、脳にとって有効な物質しか通さない非常に強力なバリアです。ただ、強力なバリアでありながら、アルコールは大歓迎なのです。この現象について、ある脳科学者は、「アルコールには、普段は理性を保つ前頭葉を解放してくれる効果があるからでは」と分析しています。脳はお酒が大好きと言えそうですね。

日本酒は適量を守りつつ、ストレス解消効果を上手に利用しましょう。

第5章

酒席での大人のマナーと味わい方

酒席の雰囲気を良くする気遣いとお酌の礼儀

「日本酒を飲むほどに会話が深まり、明るい笑い声が響き、もっと一緒に飲みたくなる」

そんな日本酒シーンがたくさん増える。それが私の切なる願いです。

酒席で心に残っているのが、JAPAN CRAFT SAKE COMPANY 代表の中田英寿氏の気遣いです。中田氏は、会食（コロナ前）で、疲れていてお酒が進まない人にはそっとお水を注文して、窓を開けて空気の入れ替えをされていました。翌朝の仕事が早い人にはお開きの前でも帰りやすい空気を作り、暖房が利き過ぎで暑がっている人の様子を見逃さず、いつの間にかスタッフに温度調整のお願いもされていたのです。中田氏はいつもご自身も楽しみながら、冷静に周囲を気遣ってくださいます。そのおかげで、日本酒が一層おいしく感じられるのです。

このように、相手を重んじてその場の環境を整えたり、会話を進めたりできると、逆に周りからも大切に扱っていただけると思うのです。

中田氏のように節度をもって程よく酔い、周りを明るくする話題で寛いだ雰囲気にできる人に、私もなりたいです。


会食の際、和食店でもワイングラスで日本酒をいただくことも多くなってきましたが、徳利とお猪口で楽しむお酌文化も楽しみの一つですね。

お酌は、基本的なマナーとして「年少者から年長者へ」「目下の者から目上の者へ」「おもてなしする方からおもてなしされる方へ」「女性から男性へ」の順番で注ぐのが良いとされてきました。ただ今は、「年長者から年少者」「男性から女性」など逆になってしまっても、喜んでお酌を受ける臨機応変さがあっても良いでしょう。

お酌を受けるときには、両手でお猪口を持ち、相手の目を見て「ありがとうございます」とお礼を伝えてからお酒を口にすると、そこからまた会話が始まるものです。一口も飲まずにテーブルに置くことは失礼になりますので、気を付けてくださいね。お酒の弱い方は、飲むポーズだけでも結構です。

お酌をするときには、徳利の中央部分を右手で持ち、左手は下側に添えてください。盃になみなみと注ぐと相手は飲みにくいので、8分目を目安にすると良いでしょう。盃にまだお酒が残っているのにお酌をするのは失礼にあたります。また、残り少なくなった徳利を振って確かめたり、徳利の残量をのぞき込んだりするのは、品がない振る舞いとされています。

お酌のマナーに杓子定規な考え方をする必要はありませんが、礼儀として知っておいて損はないはずです。

「またこの人と飲みたい」と思わせる会話の極意

日本酒とお料理を楽しみながら、粋な会話が盛り上がり、お互いの仲が一層深まることこそ、人生の醍醐味の一つです。

若気の至りで、会食のとき日本酒が大好きであることを一生懸命話し過ぎてしまい、翌日になって猛省したこともあった20代の頃。40代になり、まずは目の前の相手や周りがいかに心地良い時間を過ごせるのかを意識して臨むようになりました。

例えば、アナウンサーという職業柄、インタビューや司会をさせていただくときの心得を、会食のときにも応用しています。

「聞く」ではなく、「聴く」ことを大切にしているのです。

「聞く」とは、音そのものをただ聞くこと。

「聴く」とは、
①相手に寄り添って、思いやりをもって心を傾けて聴くこと
②しっかり集中して聴くこと
③相手にエールを送るように聴くこと

だと私は思います。

①②③は、私はこれまで仕事の現場で感じてきた解釈が入っています。この「聴く」力のことを「傾聴力」と言います。

「傾聴力」を意識するとどんな態度や表情になるのか、実践しやすいシンプルなものを挙げてみます。

①相手に寄り添って、思いやりをもって心を傾けて聴くこと
・相手が言葉に詰まってしまったら、助け舟を出すように、大きくうなずいてみる（聴いていますよ、大丈夫ですよというジェスチャー）
・足を組んだり、腕組みをしたり、頬杖をついたりしない（これらの態度は相手に威圧的に見え、話しにくい空気を作ってしまう）
・口角を下げず、適度にほほ笑む
・相手が言ったことに対し、感じたことや、どう受け止めたかを返す（心理学の

カウンセリングの技法でも使われている)

②しっかり集中して聴くこと
・相手の目を見て、うんうんとうなずく(うなずき過ぎない)
・たまに前のめりの姿勢になる(距離を詰め過ぎずに)
・「へぇ」「なるほど」「それから?」など、話を進めやすいように、合いの手を適度に入れる

③相手にエールを送るように聴くこと
・話し手が一番盛り上がっているところ、一番伝えたいであろうところで、笑顔で拍手を送る
・印象に残る言葉を、話し手の目の前でメモする
・言葉のオウム返しをする

（例）「赤が好きです」↓「赤が好きなのですね」
※相手の言葉を一部引用し、繰り返すことで、相手を受容したということになります。すると相手は、あなたが話に興味をもって聴いてくれて、内容に賛同してくれているような気持ちになるでしょう。ただし、言葉のオウム返しは何度もやり過ぎない。わざとらしくなってしまう可能性があるので要注意。

この「傾聴力」を鍛えていると、逆に話をする立場になったとき、相手が興味津々で聴いてくださっているのか、内容に飽きられているのか、聴き手の反応を敏感に感じられるようになると思います。つまり、日本酒を飲みながらの会話の注目度も、ある程度は推察できる能力が身につくのです。

私は、これからも傾聴力を鍛えて、日本酒シーンを豊かなものにしていきたいと思っています。

日本酒の魅力が際立つ酒器の選び方

今、様々な酒器が出ています。日本酒の個性を一層深く味わうために、「日本酒と酒器の関係」を学びましょう。

まず、酒器の素材と日本酒の相性についてお話しします。酒器の素材は主に①ガラス製、②陶磁器、③木製、④錫《すず》などが挙げられます。

①「ガラス製」は、ワイングラス、ショットグラス、極薄の冷酒グラスなど様々な大きさや形、厚さのグラスがあります。冷蔵室（約2～5℃）でよく冷やした状態から常温、お燗酒（耐熱ガラスに限る）にも対応できます。極薄ガラスは、きめの細かい吟醸酒タイプのきれいな酒質をより上品に味わえる傾向があります。厚みのあるガラスは、米の旨味にあふれるしっかりとした味わいの純米酒タイプに向いているといえるでしょう。

②「陶磁器」は、冷たい日本酒は冷たいままに、温かい日本酒は温かいままに楽しめます。日本酒を口に含むとき、唇が陶磁器に触れる感触がツルンと滑らかで、快適な飲み心地を感じることができます。全国には様々な焼き物があるので、好みのものを探したり、焼き物の地元の日本酒と合わせてみたりしてはいかがでしょうか？

③ヒノキやスギなど「木製」の酒器は、軽くて保温性があります。ヒノキやスギなどの自然のアロマが日本酒に溶け込んで、酒質に馴染んでいくタイプもあります。日本酒を味わいつつ、ゆったりとリラックス効果も感じられるでしょう。温度帯は、冷酒からお燗まで幅広く楽しむことができます。

④「錫」は最も保温性に優れています。注いだお酒の雑味を取り、まろやかな口当たりに。錫には抗菌性があり、金属臭もあまりないので、日本酒の風味をその

まま楽しめます。また、割れたりさびたりすることもないので、長く愛用できます。

このように酒器の素材一つ取ってみても、日本酒の味わい方が個性豊かに広がるのです。

次に、「グラスの口径による日本酒の味わいの違い」についてご紹介します。

ここではワイングラスを例に、口径のすぼまりが緩やかなグラスと、口径のすぼまりが強いグラスで比較してみます。

すぼまりが緩やかなグラスで口に含むと、顔をあまり上げないで良いので、舌の面積の中心に日本酒が乗って、四方にゆっくりと広がります。そうすると、一口の量がすぼまりの強いグラスよりも多くなるため、ボリュームも旨味もアップして感じられ、主に旨口タイプに向いています。

口径のすぼまりが強いグラスでは、日本酒は舌先から直線的に奥へ素早く流れ

グラスの口径による味の印象の違い

口径のすぼまりが緩やかなグラス

顔をあまり上げずに飲め、酒が舌全体に広がるためボリューム感や旨味を感じやすい
⇒おもに旨口タイプ向き

口径のすぼまりが強いグラス

顔と舌を上向きに傾けるため、酒は舌先から細く口の奥に流れ、酸味やアルコール感が緩和される
＝軽快タイプとフルーティタイプ向き

出典「日本酒のペアリングがよくわかる本」(シンコーミュージック・エンタテイメント)　イラスト／浅井美穂子

ます。顔を上にしっかり上げないと飲めないので、少なめにしか口に入らず、舌の両側に落ちにくくなります。これにより、アルコール感をダウンさせて、スッキリ、軽やかに感じられるので、日本酒慣れしていないビギナーにもおすすめです。主に向いているのは軽快タイプとフルーティタイプです。

日本酒をあれこれと吟味するように、酒器にもこだわりをもってみると、より味わい深い体験ができるはずです。

蔵のストーリーに思いを馳せ、深く味わう

さて、この章の最後に、私が実践する「日本酒の味わい方」をご紹介します。テーマは「日本酒に秘められたストーリーに思いを馳せて味わう」。まずは、富山県を代表する銘酒「羽根屋」からまいりましょう。

帝国ホテルでのスペインのラグジュアリーポーセリンアート「LLADRÓ」リア

ドロ ガラパーティー２０１６」の乾杯酒として、「羽根屋 ＰＲＩＳＭ（プリズム）究極しぼりたて 純米吟醸生原酒」富美菊酒造（富山県）が振る舞われたことがありました。私は、壇上で乾杯の発声をして、蔵やお酒についてスピーチをするお役目。出番を終え席で一息ついていると、隣に座っている蔵元の羽根千鶴子女将の頬には、キラリと一筋の涙がつたっているではありませんか。

今でも鮮明に思い出すあの美しい涙のわけを、後日改めて女将に尋ねると、次のように語ってくださいました。

「数百人の紳士淑女がドレスアップされている会場のテーブルには、羽根屋の瓶がずらりと並べられ、大スクリーンで蔵元杜氏の羽根敬喜《けいき》や蔵の様子がスポットライトを浴びている、晴れがましい初めての光景。ずっと応援くださったお客様とご支援くださった方々の優しさ、苦労して共に歩んだ蔵元杜氏と蔵の仲間たちを思い出し、涙をこらえることは難しかったです」

１９１６（大正５）年創業の富美菊酒造は、２０１０（平成22）年に４代目蔵元の羽根敬喜さんが杜氏となり、「すべての酒を大吟醸と同じだけの愛情と手間をかける」をモットーにした全国向けの「羽根屋」を醸しています。ただ、当初は先代の築いた負債が経営を圧迫し、製造石数も少なく倒産寸前。ゼロではなくマイナスからのスタートでした。

親戚から借金をして酒米を購入し、「これが最後かもしれない」と覚悟しながらの造りをされていた切羽詰まった日々。人手が足りず、女将も酒造りをしていた時期もありましたが、あまりにも過酷な重労働で体を壊されてしまったほど。

そんなふうにただひたすら酒造りに邁進し続け、「羽根屋」が徐々に認知されるようになっていったのです。そこから生産量は倍増で伸びていきました。すると今度は、まさかの欠品が相次いだのです。お客様を次の冬までお待たせすることのないよう、残されていた道は、「四季醸造」（一年中お酒を造ること）。右も左もわからない四季醸造を始めるにあたり、山口県の旭酒造、原田酒造、新谷酒造が快く製法やノウハウを伝授してくださったとのことです。

最後に女将は「皆様から心からの温かい援助をいただいていなければ、とっくに蔵はなくなっていたでしょう」と周りへの感謝を繰り返し伝えてくださいました。

この一言を聞き、数多くの苦難に立ち向かい、謙虚ながらも着実に突き進んでこられた女将の生き様に触れられたような気がしました。国内外での評価も高まり続ける「羽根屋」に一層、格別な味わいを感じずにはいられません。

さて、私は全国の様々な日本酒を飲みますが、2022（令和4）年の春、特に気になったのは亀の井酒造（山形県）の「くどき上手　純米大吟醸　Jr.の小川酵母　～BEYOND～」です。従来の「くどき上手」といえば果実の華やかな香り、ジューシーな甘味を得意とするイメージ。今回は、ラベンダーやローズマリーのようなボタニカルな香り、スレンダーに引き締まった芯のある軽快な味わいという真逆の酒質だったのです。

これまでにない酒質のお酒は、何軒もの酒販店から蔵に電話があるほど好評を得たようです。とはいえ、まだまだ蔵元杜氏の今井俊典さんの理想とする酒質ではなく、酵母の扱いや上槽のタイミングなどを専門家に相談し続け、酒米を変えて試験醸造中とのこと。

今井さんは今後について「日本で一番酒造りが上手い職人になりたいです。まだ私たちが経験したことのないモノを世に出す楽しみを、若い蔵人たちと模索しています」と、真っすぐにエネルギッシュな言葉を発してくださいました。

日本酒がおいしくなるために絶え間ない挑戦を繰り返す造り手の思いを知ると、自分の人生と重ね合わせて勇気もいただけます。

2022(令和4)年3月に震度6強の地震により被害を受けた「乾坤一」の大沼酒造店(宮城県)。

酒蔵の中心部分にある高さ約15メートルの煙突下部の石積みが崩れ、崩壊の可能性があるとのことで、酒造りは中断せざるを得なくなってしまいました。「幸い、人的被害はありませんでした」という蔵元の大沼健さん。その約1週間後には「ボイラー室が復旧したので、瓶詰め作業は再開できるようになりました」と明るい兆しも見えてきつつも、「生産量も減り、製造するはずだった新商品も出せなくなってしまいました」と悔しさをにじませていらっしゃいました。

私は、遠くからただ復旧を祈るくらいしかできなかったのですが、その後、吉報が飛び込んできたのです。大沼さんが、先代から親交の深い同じ県内にある石巻の「日高見」で知られる平孝《ひらこう》酒造に、「乾坤一」の酒造りができないか相談したところ、すぐに快諾してくださったというのです。私のこのときの安堵感といったら、例えようがないくらいホッとしました。

この震災で平孝酒造も、出荷用の空き瓶約1000本が割れるなどの被害がありましたが、「健ちゃんから頼まれて、とてもうれしい気持ちになりました」という蔵元の平井孝浩さん。「もし頼まれなくても、蔵の被害を聞いたときに、うちで造ってくれと伝えるつもりでした。以心伝心です。うちの杜氏も同じ気持ちで、この話はすぐにまとまりました」と、「乾坤一」の自社での酒造りを心待ちにされていました。

石巻で醸造される「乾坤一」は、一升瓶約4000本が仕込まれ、6月中旬に無事完成しました。

平孝酒造が東日本大震災で被災したときに、複数の酒造から仕込み場所提供のお話があったことがありがたく、「いつかは同じような支援をしたかった」と平井さん。大沼酒造店を優しく思いやり、助け舟をすぐに出す姿勢に、心が洗われるような清々しい気持ちになりました。

このような蔵のストーリーに触れながら味わう日本酒は、私にとって単なる嗜好品ではありません。全身全霊で味わいたいパワーの源です。蔵元からだけではなく、酒販店や日本酒専門店でも、蔵の秘話を教えていただけることがあります。ぜひ、お気に入りのお店を見つけて、日本酒をさらに深く堪能してみてください。

第6章

よりおいしく飲むための日本酒ペアリング

日本酒の味と香りは4タイプ

日本酒は味・香りによって4タイプ※に分類されます。

①フルーティタイプ（大吟醸酒・吟醸酒系・生酒）

（「東洋美人」「横山五十」「山丹正宗《やまたんまさむね》」など）

香りは華やか。リンゴ、イチゴ、メロンなどフレッシュな果実やバラ、キンモクセイ、ユリなどの花のような印象。味は甘くジューシーで、透明感があり果実感にあふれています。余韻は程よく長く、冷やして飲むと味わいの輪郭をくっきりと感じられます。

②軽快タイプ（本醸造酒・火入れ酒全般・生酒）

（「八海山」「久保田」「播州一献」など）

香りは穏やか。レモン、スダチ、グレープフルーツなどの柑橘系、ローズマリーやイタリアンパセリなどのハーブ系、竹や杉のような樹木系の香りをうっすらと感じられます。味わいは軽やかですっきり、キレも良い。余韻は短く、よく冷やして飲むと爽やかさが強調されます。

③旨口タイプ（純米酒・生酛・山廃酛）
（「龍力《たつりき》」「石鎚《いしづち》」「田酒《でんしゅ》」など）

香りは、米に由来する落ち着いたイメージで、ヨーグルト、チーズなどの乳製品を思わせるような印象です。和三盆や水飴のような糖系や昆布のだし系の香りも。味は、米の旨味が凝縮されたふくよかさを感じさせます。余韻はやや長く、常温から熱燗まで幅広い温度帯を楽しめます。

④熟成タイプ（熟成期間をとった日本酒）

（「達磨《だるま》正宗」「木戸泉《きどいずみ》」「神亀」など）

香りは、アーモンドやカシューナッツなどのナッツ系。ドライのレーズンやアンズ、紹興酒やシェリー酒のような酒系、カラメルソースやメープルシロップなどの糖系の香りも感じられます。味は、甘味と旨味が幾重にも重なった熟成した奥深さが特徴です。円熟味のある存在感。余韻は長く、冷たく冷やしたり燗をつけたりと、様々な温度帯で熟成酒ならではの個性を発揮します。

4タイプの日本酒を同じ形状の透明グラスで、量、温度帯も同じにして飲み比べてみると、明らかな違いを実感できるはずです。味覚や嗅覚を鍛えて風味の違いがわかるようになると、様々な料理とのペアリングがしやすくなります。

※タイプ別の例として挙げたお酒は、あくまでも「その特徴を備えた傾向がある」ということで、必ず当てはまるわけではありません。

基本のペアリングルールを押さえよう

ペアリングとは、料理と日本酒が口の中で合わさることにより、お互いの味のバランスが整うこと。それぞれ単体にはなかった一体感が生まれるので、味わいの魅力が一層引き立ちます。

ペアリングにおける基本ルールは、**①料理と酒の味の濃淡を合わせる**ことです。「濃淡」の「淡」は、「薄い色、薄い味や調味料を使った料理」で、例えば、オリーブオイル、米油、塩、だし醤油、白菜、きゅうり、白身魚、イカ、鶏肉（ささみ、胸肉）、豚肉（もも、ロース）、モッツァレラチーズ、カッテージチーズなどです。これには、「フルーティ、軽快」など軽やかなタイプが好相性です。

一方、「濃い色、濃い味の食材や調味料を使った料理」は、例えば、ゴマ油、ココナッツオイル、マヨネーズ、濃口醤油、かぼちゃ、れんこん、サバ、マグロ（中トロ、大トロ）、牛や豚のばら肉、クリームチーズ、ブルーチーズなどです。

これには、「旨口、熟成」などのしっかりとした味わいのお酒がよく合います。

①を大前提として、以下の②③④⑤の細かいルールを合わせていくと、より様々なペアリングを実践できるようになります。

②香りの要素を合わせる

日本酒にリンゴのような香りがあれば、リンゴの要素を料理に組み入れるなど、日本酒と食材の香りを調和させるという手法です。

③製法を合わせる

発酵食品である日本酒に、みそ、醤油、チーズなどの発酵食品を合わせると、抜群の相性となります。また、オイスターソースやバルサミコ酢など、熟成した調味料は熟成酒とよく合います。

④テクスチャー（食感）を合わせる

にごり酒のようなとろみのある日本酒に合わせるには、片栗粉で粘性を出したり、くず粉でとろみを加えたりしても良いでしょう。生クリームやホワイトソースなども合う場合があります。

⑤温度帯を合わせる

日本酒のおいしさが引き立つ温度帯を探し、料理と合わせること。温かい日本酒には温かい料理。氷皿に盛りつけた冷たい刺身には、熱燗ではなく、よく冷えた日本酒がよく合います。揚げ物など油を多用したもの、脂質の多い肉類や魚には、日本酒を温めて合わせると良いでしょう。お燗は油や脂質を口の中でサッと洗い流してくれるので、舌がさっぱりとリセットされます。

日々、なんとなく日本酒を飲むだけではなく、様々な日本酒と食を意識して合わせて、ペアリングを楽しんでみませんか？

家飲みが楽しくなるペアリングのコツ

ペアリングを実践するためには、まずは日本酒の４タイプ（１４６ページ参照）をテイスティングして、特徴を実感できるようになることが大切です。

多彩な香りと味の濃淡などで分類されている４タイプを、自分の舌や鼻でカテゴライズできるようになると、ペアリングするときの食材、調味料、料理法などを選ぶスキルが鍛えられます。

では、日本酒４タイプ別のペアリング例を挙げてみましょう。

●フルーティタイプ（大吟醸酒・吟醸酒系・生酒など）

パプリカやマンゴーなどの素材そのものの甘味を最大限に活かせるのがこのタ

イプ。香りにメロンやバナナなどを感じたら、その香りと同じフルーツをアクセントに使用してみましょう。味付けは濃過ぎると、せっかくのフルーティな魅力を感じられなくなるので、薄めで調整します。

〈メニュー例〉

稚鮎（稚鮎はメロンのような香り）の天ぷら、パプリカ、フルーツトマトのマリネ、モッツァレラチーズと柿のカプレーゼ、キスのカルパッチョ（オレンジを煮詰めたソースがけ）、生ハムメロン、パパイヤのはちみつレモンがけ、イチゴとクレソンのバルサミコ酢サラダ、キウイの豚肉巻き

●軽快タイプ（本醸造酒・火入れ酒全般　生酒など）

素材そのものの旨味を感じられるエビや白身魚の刺身、ハーブ、パセリなどのインパクトが強過ぎない香草、繊細な昆布だしとの相性が良いです。味付けは薄めで、焼く、蒸すなどシンプルな料理法がおすすめです。

〈メニュー例〉

ジュンサイの酢の物、タコときゅうりの酢漬け、湯葉の刺身、イカそうめん、もやしのナムル、おからの野菜炒め、キノコ類のマリネ、ささみのポン酢和え

●旨口タイプ（純米酒・生酛・山廃酛の酒など）

旨味がたっぷり乗っているサバやマグロ、牛や豚のばら肉など味の主張がしっかりあるタイプとよく合います。味付けは甘辛煮やみそ焼きなど濃いめのものと調和します。

〈メニュー例〉

あん肝の生姜煮、うなぎのかば焼き、肉じゃが、イカ墨パスタ、白菜と豚ばら肉のミルフィーユ鍋、牡蠣フライ、鶏もも肉の竜田揚げ、シュウマイ

●熟成タイプ（熟成期間を長くとった酒など）

万華鏡のような香りのバリエーションを楽しむことができる熟成酒は、独特な癖のある食材や調味料と見事にマッチします。ラム肉燻製、ドライフルーツ、トリュフ、ナッツ類、ブルーチーズ、スパイス系などと楽しめます。インド料理や中華料理などの力強さにも負けず、濃厚な味付けが向いています。

〈メニュー例〉

スパイスカレー、麻婆豆腐、豚ロースのナンプラーにんにく焼き、タンドリーチキン、キノコのオイスターソース煮詰め、ブルーチーズと焦がしキャラメルアーモンドのクラッカーのせ

あくまで基本ルールに則ったペアリング案です。家であなたのお好きなタイプの日本酒と向き合って、あれこれと合う料理を作って楽しんでみてはいかがでしょうか。

温度帯で変わるペアリング

日本酒に含まれる有機酸には、「冷旨酸《れいしさん》」と「温旨酸《おんしさん》」があります。

「冷旨酸」とは、冷やしておいしいと感じる「リンゴ酸、クエン酸、酢酸」（フルーティタイプ・軽快タイプ）のこと。精米歩合の数値が小さい吟醸タイプや本醸造酒など、華やかな香りとみずみずしくフレッシュな酒質は冷やすことで一層、その個性が強調されます。

例えば、冷やすと「味の輪郭がシャープになる」「爽やかさが強調される」「飲み口が軽快になる」などの傾向に変化。真夏に甘いお酒を常温で飲むと、人によっては重たく感じてしまうこともありますが、冷やすと、その甘さを緩和して飲みやすくできます。軽快タイプはその軽やかな個性がより際立ち、キレが良くなることもあります。

これらのタイプは、3～8℃（冷蔵庫の種類による）の家庭用の冷蔵室や野菜

日本酒に含まれる有機酸

呼び名	有機酸の種類と傾向
冷旨酸	**リンゴ酸・クエン酸・酢酸** 冷やすことでおいしいと感じる有機酸 温めるとぼやけてしまう ※白麹・黒麹を使用したものなど
温旨酸	**乳酸・コハク酸** 温めることでおいしいと感じる有機酸 冷やすと苦味、渋味が増す ※山廃・生酛系など

室で冷やしておくことをおすすめします。日本酒をよりおいしく飲むためには、日本酒の温度管理をしながら保管することがとても大切です。なぜなら、日本酒は温度に敏感に影響を受けてしまうからです。最近では、ワインセラーならぬ、温度帯別で冷蔵できる高性能な日本酒セラーも開発されています。

「温旨酸」とは、温めるとおいしいと感じる「乳酸、コハク酸」(旨口タイプ・熟成タイプ）のこと。昔ながらの生酛や山廃、旨味にあふれた純米酒、熟成酒などは、温めることで旨味がより花開きます。温めると「香りが立つ」「味わいにふくらみと丸味が増す」「旨味が増える」などの味覚変化が起きます。

これらの種類は、グルタミン酸などの旨味成分が多く含まれているため、旨味をさらに感じやすくなるのです。酸味が多く、やや重たいと感じる酒質は、温めるとまろやかになり、味わいのバランスが整うこともあります。熟成酒はあまり高温に温めすぎると苦味が出る場合もありますので、注意が必要です。

火入れをしていないため酵母が生きている「生酒」や、お値段の張るあまりお燗のイメージがないような「大吟醸」も温めてみると、その新たな魅力が引き立つこともあります。実際に自身がおいしいと思う温度帯をあれこれ探してみると楽しいのではないでしょうか。

ちろり（燗酒用の酒器）を使用してお燗をつけるのは粋ですが、手軽に電子レンジでどなたでもできる方法をご紹介します。

①徳利に1合のお酒を入れて、電子レンジに入れる。（電子レンジ対応の徳利を使用）

②600Wの電子レンジで40秒加熱後、一度徳利を取り出して箸などで混ぜる。（徳利の上部しか温まっていないので、温度を均一にするため）

③さらに、600Wの電子レンジで40秒加熱し、混ぜる。

温まった徳利は細い首の部分が熱くなっているため、手で持つ際には気を付けてくださいね。

先に、「料理と日本酒の温度帯を合わせる」ペアリングを説明しましたが、ただ温度だけを合わせるのではなく、口の中で料理と酒が入ったときに一体感があるかどうかを重視しましょう。料理だけの個性が際立ったり、酒だけの風味を強く感じたりすると味わいがアンバランスになり、ペアリングが成功しているとは言えません。

では、日本酒の温度帯によってどのようなペアリングの可能性が広がるのでしょうか。例えば、チーズに冷たい旨口の日本酒を合わせるのと、50℃くらいの旨口の熱燗で合わせるのとでは、断然、後者の方が口の中がさっぱりと感じられます。その理由は、冷たい日本酒の場合は上あごにチーズが少し残ったような違和感があるのに対して、熱燗は口内に残ったチーズの脂質を一緒に洗い流してくれて、舌をすっきりリセットさせる効果があるからです。そうすると、またチーズと熱燗に自然に手が伸びて、飲食が快適に進んでいきます。

また、オリーブオイルを使った料理を食べたあとには、温かい日本酒を飲むことで、口内に残ったオイルをすっきりさせることもできます。さらに、料理になかった酒の甘味を補完することもできるのです。オリーブオイルの凝固点は、0～6℃。米油やごま油など他のオイルに比べて、一番凝固点が高く、白く固まりやすい特徴をもっています。つまり、口の中に冷蔵庫から取り出したばかりの冷たい日本酒を入れると、オイルが固まりやすく、油っこさが立ってしまい、いつの間にか食がスムーズに進まなくなってしまいます。鶏のから揚げ、エビの天ぷらなどの油ものには、燗酒をぜひ合わせてみてください。

日本酒の温度帯を少し意識するだけで、ご自宅でもペアリングを上達させるテクニックが身に付くでしょう。

ペアリングのロジックを可視化する「味覚センサー」

日本酒の世界は「味覚センサー」（インテリジェント・テクノロジー社製）の登場で、より緻密で高度なペアリングが可能となっています。

「これまでにない人の味の感覚に近いデータが得られます」と、味覚センサーを所有するキューサイ分析研究所の入江剛郎さん。まずは、人が味を感じるしくみについてお話しくださいました。

人の舌にある味蕾《みらい》の上で、旨味、塩味、酸味などの味をもつ物質が結合すると、電位差（電位の差・電圧）が生じます。この電位差が発生することで神経に伝達され、脳の島皮質《とうひしつ》（大脳皮質の一領域）が認識して、味の強弱を感じられるのです。

味覚センサーでも、味を含む食材や日本酒の液体などが、人の味蕾と同じような働きをする人工脂質膜に付着すると、電位差が発生します。これを人の脳で処理するのと同じようにパソコンが感知して、味の強弱を表すことが可能なのだそうです。これまでの味の分析をする機械は、塩分、酢酸しか計測できなかったことを考えると、画期的な機械の進歩です。

人が食べたり飲んだりする官能検査は、大人数のトレーニングされたパネラーが必要で、その日の気分や体調によって味の感じ方が大きく変わってくる可能性もあります。その点、味覚センサーは味の成分が数値やグラフとなって出てくるので、味の可視化がロジカルかつ安定的にできるメリットがあります。

現在、キューサイ分析研究所と国分グループ本社で連携して、ペアリングを可視化する取り組みを行っています。キューサイ分析研究所では味覚センサーで200種類（全国50社加盟の地酒蔵元会）の日本酒の緻密なデータと人間の官能によるデータを合わせたペアリングを研究中です。

味覚センサーのデータを使って重視するペアリングのポイントは、似ている味を合わせて深みを与える「同調」、異なる味を組み合わせる「補完」など、前述したペアリング法と同じです。ただ、日本酒に含まれない「塩味」は、ボディー感、力強さを指します。「先味」は口に入れて初めに感じる味、「後味」は飲み込んだあとの余韻とのこと。

では続いて、実際に2つのペアリング実例を見ていきましょう。

「うなぎのかば焼き」は、塩味、旨味、甘味、苦味の先味が強く、味わいの幅が大きいことから、全体的な味が強いと言えます。味覚センサーでこの味の強さに負けない塩味、旨味、苦味が際立っている日本酒を200種類の中からランキング（同調）。次に、味の幅が小さく、すっきりとした味の日本酒を選定（補完）。最後に、この同調と補完で選ばれた数値の平均値にあたる日本酒をランキングしていくのだそうです。

導き出された銘柄は、「特別純米　山猿」「男山　寒酒」「お福正宗　越淡麗純米吟醸」「濃醇　魚沼　純米」「東光　純米酒」「嘉泉　純米吟醸」という結果になりました。

「うなぎのかば焼き」の味覚チャート

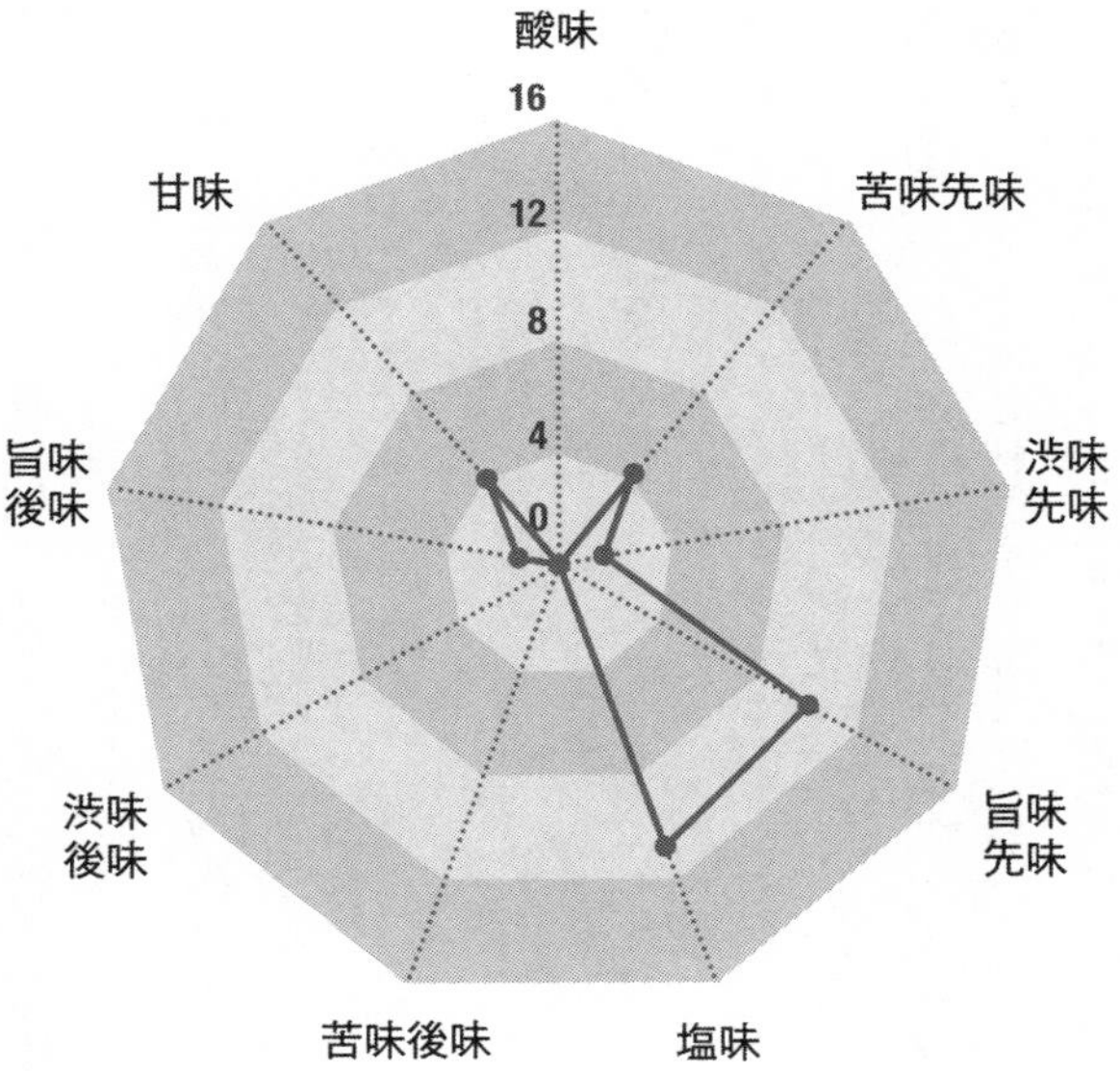

出典「日本酒のおいしさのヒミツがよくわかる本」（シンコーミュージック・エンタテイメント）　作図／浅井美穂子

「豚のチャーシュー」の場合は、旨味先味と塩味が強く、わずかに甘味、苦味後味があります。チャーシューにはない酸味（補完）があり、チャーシューのやや甘い味（同調）と苦味後味（同調）、塩味（同調）がある日本酒が合うようです。

まず、酸味、苦味後味、塩味が強い日本酒をランキング。次に、甘味の強さが上位4分の1の日本酒から選出されます。最後に、補完と同調の平均値にあたる日本酒の上位を決定します。

銘柄は、「白鷹　伊勢神宮・御料酒蔵純米酒」「特別本醸造　剱岳」「多満自慢純米大吟醸」「超特撰　白鷹」「鳴門鯛　純米吟醸原酒　大古酒」が選別されました。

「大手酒造メーカーでは、すでに味覚センサーの結果を販売促進に活かしています」という入江さん。その理由について「様々な日本酒の味を味覚センサーで比較することで、それぞれの特徴を把握できます。そうすると、消費者にわかりやすいおいしさを数値や形で伝えられ、購買意欲につなげることができるからです」と話してくださいました。

また、入江さんは、味覚センサーのこれからの可能性について、期待を込めてこう語ってくださいました。

「日本酒の新商品を開発するときに、現在酒質に足りていない味を可視化でき、理想の酒質にたどりつけます。また、お客様から『品質がいつもと違う』とクレームをいただいたときには、その原因を突き止めるためのヒントを得られます」

日本酒のペアリングについて言えば、人が感覚的にやってきたペアリングに、味覚センサーにより可視化されたデータが加わると、より明快なペアリングの追求ができそうです。

日本酒との相性抜群「酒粕で作るおつまみ」

酒粕には、アミノ酸、ビタミン類、たんぱく質など多くの栄養素が含まれています。特に、「食物繊維」や「レジスタントプロテイン」（難消化性たんぱく質）は、美容や健康にも良い効果があるとされています。

一口に酒粕と言っても、実はいろいろな味わいがあるのをご存じでしょうか？「武勇」の醸造元（茨城県）で麹を担当されている蔵人の高橋寛《ひろし》さんに、酒粕の味の違いについて次のように教えていただきました。

「精米歩合、米の品種、酵母によって味は全然違ってきます。山廃はアミノ酸と酸が多いので旨味にあふれた酒粕ができ、速醸はすっきりした味なので、きれいな味の酒粕が取れます」

高橋さんによりますと「そもそも、江戸時代には酒粕は、酒骨《さけぼね》と言われていました。お酒の骨格となる大切なものだからです」とのこと。そこで武勇では、酒粕を「酒骨」という商品名にして販売しているのです。

武勇では酒粕を蔵で販売するほか、県内のスーパーや漬物店にも卸しています。また、酒粕を再発酵させて粕とり焼酎を造るなど、様々な商品に再利用しているのです。
お酒を搾った試飲後は、必ず酒粕の味をみる高橋さんは、発酵過程の溶け具合も確認。お米がよく溶けると、できあがる酒粕はクリーミーに、お米が溶け残っていると米の粒々が残った酒粕になるそうです。
では、高橋さんが「日本酒に合う極上のおつまみです」と太鼓判を押す、3種類の酒粕おつまみレシピとペアリングされる日本酒の種類をご紹介します。

【酒粕&クリームチーズ】

［材料］酒粕、クリームチーズ、はちみつ、レーズン、クルミ、プレーンクラッカー　※酒粕とクリームチーズは1対1、他はお好みの量で

［作り方］

①酒粕、クリームチーズ、はちみつを練り合わせる（固い場合は水で少し伸ばす）。

②レーズン、クルミを適当な大きさに刻み、①と混ぜ合わせる。

③プレーンクラッカーにのせて完成。

◎相性の良い日本酒の種類／吟醸酒　純米吟醸酒　新酒

※酒粕は、「武勇」では6か月の賞味期限としていますが、基本的には保存環境により何年ももちます。ただし、クリームチーズなど合わせる材料により賞味期限は変わってきます。開封後のクリームチーズの賞味期限は1週間程度のため、保存は1週間を目安にしてください。

【銀だらの西京漬け】

［材料］銀だらの切り身6切れ、酒粕300グラム、みりん100cc、白みそ大さじ3（60グラム）、砂糖大さじ4と½、塩…適量

［作り方］

①銀だらに塩をまぶして15分くらい冷蔵庫で寝かせる。

②酒粕・みりん・白みそ・砂糖をボールに入れて混ぜておく（西京漬けのみそ床）。

③ ①の銀だらに付いた塩をきれいに拭き取り、満遍なく②のみそを塗る。ラップをして冷蔵庫へ入れる。3日くらい漬ければ食べ頃です。

◎相性の良い日本酒の種類／旨口の純米酒　山廃・生酛の純米酒　熟成酒

※「焦がさない焼き方」漬け床をきれいにふき取ると焼きやすいです。片面グリルの場合は、弱火から弱中火程度で、焼き目の様子を見ながら皮目から焼いてください。きれいに焼き色がついたら、裏面を弱火から弱中火でじっくりと焼くと良いでしょう。（片面3〜5分）

【スルメイカの粕漬け】

［材料］スルメイカ1枚、酒粕（スルメイカに満遍なく塗りつけられる程度）もしくは、板粕

［作り方］

① 酒粕でスルメイカをはさんで、ラップをしたまま冷蔵庫で3、4日置く。

②味がしみ込み軟らかくなったスルメイカを炙る。
③お好みで濃口の醤油をつけながら食べる。
◎相性の良い日本酒の種類／旨口の純米酒　生酛・山廃の純米酒

酒粕を日々の料理に取り入れることで、皆様の日本酒ライフが一層充実しますように。

第7章 進化する日本酒の今と未来

淡麗辛口ブームを牽引した蔵が目指す未来〜「越乃寒梅」

１９８０（昭和55）年頃から約20年にわたって続いた新潟の「久保田」「八海山」など、空前の淡麗辛口ブーム。「越乃寒梅《こしのかんばい》」を醸す石本酒造にとっては、一体、どんな時代だったのでしょうか？

石本龍則《たつのり》社長は、当時について「学校へ行くと、クラスメイトから『まぼろしの酒』というニックネームで呼ばれていました」と、豪快な笑顔で振り返ってくださいました。ブームの頃は甘口の日本酒が全盛。高度成長期を経て、ホワイトカラーが増加した豊かな時代でした。石本社長は「食が洗練されていく時代と、淡麗な味わいが合致していたのかもしれません。それをメディアが報じることで全国に拡散されていったのが、ブームの要因だったのではないでしょうか」と分析されました。

当時は越乃寒梅の供給が全く追い付かず、蔵で直売をすると全国から何百人ものファンが押し寄せ、近所に迷惑をかけてしまうこともあったのだとか。蔵はいつの頃からか石本酒造の看板を取り外し、酒蔵があることに気付かれないよう、自然に溶け込むような外観に変わっていったのだそうです。

地元でも越乃寒梅が手に入らない状況で、新潟市内の飲食店でさえメニューに載ることもほとんどなかったそう。1997（平成9）年には、1万本以上の越乃寒梅の偽物が全国に出回る事件が発覚。石本酒造は全国紙に正規特約店を掲載するなどして、お詫びを余儀なくされたこともあったようです。

以来、越乃寒梅は名実ともに「まぼろしの酒」となり、先代は一躍時代の寵児《ちょうじ》となりましたが、蔵元はモノづくりの会社である以上、身の丈にあった経営を続け、信頼第一と考えていたのだそうです。酒米の調達を安定化するための産地との関係づくり、将来を担える人材の正社員化、設備投資などに力を入れて、品質の向上に心血を注がれたと言います。

石本社長は、先代から「良いお酒を造るには、いろいろと良いものを見ろ、食べろ、聞け、触れろ。本当に良いものは何なのか知りなさい」と繰り返し言われて育ったのだそうです。

東京の料亭で振る舞われる前菜一つにしても、石本社長は「なぜ、このような料理が出てくるのか。女将の美しい所作の意味は何だろう」など、何にでも疑問をもち、全身全霊で体験することを心がけていらっしゃったのだそうです。料亭の薄味からも、「ただ味が薄いのではない。味のきめの細かさと深みが共存し、角が立たず粗々しくもなくスーッとのどを通る」という品格を学びました。

石本社長が考える越乃寒梅の酒質は、「香りも味も出過ぎず、お米由来の柔らかな旨味がありながら淡麗で、余韻はそよ風のように消えていくきれいさ」とのこと。

石本社長は「往年のファンの方々は昔ながらの越乃寒梅をずっと愛飲いただいていると思いますが、若い世代への底上げも必要になってきました」と、20代や30代の若者に向けて45年ぶりの新商品「越乃寒梅　灑《さい》」純米吟醸を発売。最近のトレンドである華やかな香りや、甘酸っぱい酒質ではなく、あえて代々、越乃寒梅が目指してきた淡麗さに加えて、優しい旨味を追求し、若者が飲みやすいであろう軽やかな酒質を表現されたのだとか。

この灑をきっかけに人生や食の経験を積み重ね、40代、50代になったときに、越乃寒梅の上ランクに手が伸びるようになってほしいとのことです。

「越乃寒梅を飲んだ人が喜び、幸せを感じてくださるとうれしいです」(石本社長)

ブームに流されず、目の前のお客様を喜ばせることを第一とされている、これからの越乃寒梅にも注目です。

北海道における酒造りの動向〜「千歳鶴」「三千櫻」

今、北海道が酒米の産地や酒造りの場所として、注目を集めています。

創業から64年ぶりに新たな蔵を立て直し、世界進出を目指すのは、札幌にある

「千歳鶴《ちとせづる》」「余市ワイン」醸造元の日本清酒です。

日本清酒は、かつては約9万石の年間生産量を誇り、日本でもベスト10に入るほどの大きな蔵でした。ただ、このところは設備の老朽化が進み、経営状態も芳しくない状態が続いていました。そこで、酒類業界の経験が豊富で、三井食品の常務をされていた川村哲夫氏（現社長）に白羽の矢が立てられました。

川村社長と長年、交流のあった「はせがわ酒店」の長谷川浩一社長が蔵を訪問した際、「こんな大きい蔵じゃ、今の生産量と見合わないし、良い酒はできっこないよ。アドバイスはするから蔵を建て替えようよ」と全力で応援することを提案してくださったのだそうです。

川村社長は、はせがわ酒店の応援を受け「弊社は今年で創業150年。この運をつかんで、先人たちの努力と伝統を引き継いでいくためにも蔵を建て替えなければいけない」と、生産規模を大幅に縮小し、品質第一の日本酒を造る決意をされました。品質に関しては、若者があまり好まない普通酒をやめて、特定名称酒のみで勝負することにしています。

そのため、完成した日本酒をタンク貯蔵後に出荷する方法を廃止。瓶内貯蔵へと切り替え、温度管理がしやすい設備で、搾りたてのフレッシュな酒質のままローテーションができるよう改革していくそうです。

もともと水に恵まれていた日本清酒。仕込み水である豊平川《とよひらがわ》の伏流水の水質検査を毎年、行っています。現在の蔵のすぐ隣にある敷地に新蔵を建てるにあたり、水処理専門会社に依頼して水質を改めて分析されたとのこと。

市澤智子杜氏は分析結果について「弊社の水に『微粒子』が非常に少ないことが初めてわかったのです。微粒子とは、粘土鉱物や動植物プランクトンの死骸などです。微粒子が多いと日本酒の雑味や、濁りの原因になってしまいます」と解説してくださいました。一般的な水道水にはこの微粒子が約5万個含まれていると言われていますが、日本清酒では5000個程度と極端に少ないことが判明。とてもきれいな水質であることが証明されました。

また、原材料の米についても、恵まれた環境にあります。地球温暖化により、米の栽培適地が北上し、北海道の米の評価が上がっています。川村社長は「食用米の『ゆめぴりか』は新潟の『コシヒカリ』の単価を抜きました。最近では、東京の料亭でも北海道の食用米がおいしいと認識されて料理に使われ始めています」と、最近の動向について教えてくださいました。

また、酒米については「これまで本土から酒造好適米を買って酒造りをしてきましたが、順調に育ってきた北海道の酒造好適米『吟風』『きたしずく』で千歳鶴を醸すのが一番良いという思いに至っています」と北海道産に一層のこだわりをみせていらっしゃいます。

5年前には、北海道芦別《あしべつ》産の「山田錦」が誕生し、2021年は北海道15社のうち6社がこの山田錦による試験醸造を実施。もともと、兵庫県産の酒米の王者・山田錦は、粒が大きくたんぱく質や脂質の含有量が低いため、酒質に雑味が出にくく、芳醇できれいな味わいになるのが特徴です。

ただ、北海道では稲穂が出る時期が本州よりも遅く、冷害を受ける危険性が高いとのこと。山田錦は穂丈が高く、強風にも弱いため山に囲まれた南斜面で栽培し、育苗（苗を発芽、育成させてから田んぼに移植すること）の期間を延ばして、成長を早めるなどの工夫をしています。

日本清酒ではこの兵庫県産と、北海道産の山田錦を使った「千歳鶴」純米大吟醸の飲み比べセットを発売。市澤杜氏は、原材料処理で高い技術が必要とされる2種類の米を「全く同じ仕込み配合、条件で醸せましたので、日本酒の成分数値も一緒です。酒米だけの違いを飲み比べていただけます」とのこと。

私も2本を飲み比べさせていただきました。まず、兵庫県産も北海道産もマスクメロンや巨峰を思わせる華麗な香りの風格を感じました。味については、兵庫県産は米由来のきめ細やかな甘味とやわらかな旨味の層が美しく調和し、さすが王者の貫禄。北海道産は、優しい甘味をのぞかせながら、淡い旨味がスムーズに展開していきました。私は飲み比べをしたことで、これから北海道で開発される山田錦の新たな可能性を感じ、気分が高揚したのです。

市澤杜氏はこの2本を携えて、かねて交流のある山田耕司さんが率いる北海道の東川町公設酒蔵・三千櫻《みちざくら》酒造へ向かい、テイスティングをお願いしたことがありました。蔵には、「三千櫻∞無限大プロジェクト」で蔵入りしていた「結《ゆい》」の結城酒造（茨城県）の浦里美智子杜氏、酒販店の土井商店・土井優慶社長も居合わせ、全員でブラインドテイスティングをして意見交換を行ったのだとか。この3名は当然、酒質から酒米を当てることは容易にできたとのことですが、市澤杜氏が持参した北海道の飲食店ではその違いを当てられなかったのだそうです。それくらい北海道の山田錦の進化が始まっているということですね。

さて、三千櫻酒造といえば、岐阜県のイメージが強い方も多いと思います。蔵は創業地である岐阜で143年の歴史を刻んできましたが、2020（令和2）年に北海道東川町に移転しました。蔵の老朽化で酒造りに困窮し、移転先を探し続けていたところ、タイミング良く東川町が候補地に挙がりました。若者や外国人も多く人口が増えている東川町は、マーケットの将来性が見込め、冷涼な気候も酒造りの環境として理想的だったそうです。

また、山田さんは東川町について、蔵を改装する場合もスピーディーに対応できる自治体としても信頼を寄せています。

さらに東川町は、酒造りに欠かせない水も豊富です。北海道最高峰の大雪山系旭岳の麓にあり、町民全員が無料の井戸水で生活しています。三千櫻の酒造りでは1日約6トンもの仕込み水を使用しますが、豊富な自然水を使い放題なのだそうです。

ただし、東川町の水は中硬水（硬度60〜70）で、移転前の岐阜の水は超軟水（硬度8）だったため、水質が大きく変わりました。この硬度について山田さんは、どのように捉えていらっしゃるのかをうかがいました。

「2017（平成29）年に、2か月にわたりメキシコで醸造指導をしていたことがあります。日本では考えられない超硬水（硬度230）のメキシコの水で酒造りをしたことが、大きな自信につながりました。メキシコのことを考えると、硬度の差異は気になりません。東川町の水は、ミネラル分が多いことでアルコール発酵がよく進みます」（山田さん）

また、東川町は北海道屈指の米どころ。食用米「ゆめぴりか」の生産地としても有名です。ＪＡひがしかわでは、三千櫻酒造のために、酒造好適米「彗星」「きたしずく」の栽培にも初めて着手しました。

三千櫻酒造では、「彗星」「きたしずく」をはじめ、「山田錦」（北海道産）、食用米の「ななつぼし」など、様々なお米を使用されています。北海道の酒造好適米は本州に比べてリーズナブルなので、北海道以外の蔵元が買い付けに来ることもあるのだそうです。

３年目となる２０２２年秋からの酒造りに向けて、山田さんは「北海道は岐阜よりも格段にマーケットが大きいので、それに見合った数量を造る必要がありま す。その点、北海道では岐阜よりも2か月ほど長く酒造りをできるため、増産も無理なくできそうです」とさらなる利点を教えてくださいました。

山田さんは「北海道産の山田錦を本州の山田錦のレベルに引き上げていくにはどうすればいいのかが課題です。さらに、日本清酒さんなどと一緒に北海道全体の日本酒をレベルアップさせていきます」と今後の展望を見据えていらっしゃいました。

日本酒のニューフェイス「スーパーフローズン」～「南部美人」

「僕はね、どうしても世界中に究極にフレッシュな生酒を届けたいんですよ。それを実現するには『スーパーフローズン』しかありません」

と、大きなジェスチャーとともに熱弁してくださったのは、「南部美人」醸造元（岩手県）の蔵元の久慈浩介《くじこうすけ》さん。

スーパーフローズンとは、家庭用の冷凍庫で行われる通常の緩慢冷凍（約マイナス20度でゆっくり凍る）ではなく、液体凍結技術で急速冷凍した世界初の日本酒を指します。

液体凍結とは、テクニカンが開発した「凍眠」の急速冷凍システムによって、真空パックした食品や瓶に入った日本酒を、マイナス30度のアルコールにつけて冷凍することです。

一般的な冷凍庫では食材や液体は冷気によりゆっくり凍っていくため、その内部に含まれる氷の結晶が膨張して、細胞を突き破って組織を破壊してしまいます。しかし、アルコールによる液体凍結は、氷の結晶が大きくならないため、細胞が破壊されることはありません。その理由は、冷気に比べて液体は熱伝導率が非常に高く、通常の緩慢冷凍よりも20倍の速度で冷凍されるからです。

例えば、生のマグロを緩慢冷凍したあとに解凍すると、赤くて粘りのあるドリップ（壊れてしまった細胞）が流れ出し、臭みや食感劣化の原因になってしまいます。一方、液体凍結後に解凍すると、凍った細胞が破壊されていないので、一切ドリップは出ずに、マグロの生の鮮度を100パーセント保てることが証明されています。この技術は、寿司、そば、生シラスなどにも使われていて、食品の冷凍革命が起きているのです。

「日本酒を通常冷凍すると、液体が膨張して瓶が割れ、酒質にえぐみや苦味が出ることがあります。ですから、日本酒の歴史の中で冷凍貯蔵はしてきませんでした」という久慈さん。

「通常冷凍した日本酒を溶かしながら、シャーベットのような状態で食べる『みぞれ酒』というものがあります。テレビでスーパーフローズンが世界初だと紹介されたときに、みぞれ酒と勘違いした人から『世界初ではない』と苦情を受けたこともあります」と、スーパーフローズンとみぞれ酒は目的も品質も一線を画していることを強調されていました。

久慈さんは「そもそも、流通している生酒は本来の搾りたての味ではないのです。僕は、搾りたてが100点満点だとしたら、火入れをしない場合、どんなに温度や光の管理を徹底しても翌日は99点、翌々日は98点に劣化していくと考えます。だからこそ、スーパーフローズンで満点の生酒を体感してほしいのです」と搾りたてにこだわる理由を教えてくださいました。

さらに久慈さんは「スーパーフローズンは、酒蔵まで来なくても搾りたての生酒を味わえるなんて、まるで『どこでもドア』です。解凍したとき、搾った瞬間に戻れるなんて『タイムマシン』ですよ」と、独自の表現で海外向けに普及させる価値があると付け加えました。

南部美人では現在、世界55か国への輸出をしていますが、これらの国のうち、スーパーフローズンは香港、ドバイ、アメリカでも飲めるようになりました。ドバイで人気の日本食レストラン「Ｚｕｍａ（ズーマ）」でもスーパーフローズンが提供されています。

まず、ソムリエが凍結したスーパーフローズンをお客様に見せてから、一旦キッチンに持ち帰り流水で解凍。再び「こちらが解凍されたものです」と説明したうえで、目の前で抜栓してサーブされています。初めて搾りたての生酒を口にした海外のお客様は「日本酒って、こんなにもフルーティで、みずみずしいものだとは知らなかった。これまで飲んできた日本酒は何だったのか」と、一様に驚かれるのだそうです。

ただ、「まだまだ海外流通は怖い」という久慈さん。アメリカでは、スーパーフローズンを常温に戻したあと、なぜか再び通常冷凍されてしまったことがあったのだとか。その結果、スーパーフローズンの液体が膨張し、瓶の蓋が飛んでしまう事態に。これでは商品として成立しません。改めて、正しい流通方法や保管環境を徹底していくという課題があるようです。

さて、私も蔵で搾った瞬間に液体凍結したスーパーフローズンと、光を遮断したマイナス5度の冷凍庫で半年貯蔵した同じ純米大吟醸を飲み比べさせていただきました。後者はもちろんフレッシュ感はあるのですが、スーパーフローズンの極められたフレッシュ感に感嘆の声を漏らしてしまったほど、その差は歴然でした。

久慈さんには壮大な夢があります。「南部美人は人類が住んでいる5大陸で飲めます。でも、南極だけ輸出していません。南極の昭和基地のバーでスーパーフローズンを飲んでほしいのです」と南極観測隊に打診中であることも明かしてくださいました。

そう遠くない日に、久慈さんの夢は颯爽と実現できると信じています。

海外で造られるSAKE〜「獺祭」in NY

2022年、ニューヨークで「DASSAI BLUE（ダッサイ ブルー）」というSAKEが誕生します。

世界25か国以上で愛飲される純米大吟醸ブランド「獺祭」の旭酒造（山口県）の桜井一宏《かずひろ》社長が「おいしさで、日本の獺祭を超えてやる」と意気込む、前人未到の挑戦です。

約5年前、ニューヨーク・マンハッタンから電車で2時間ほどのハイドパークという町にある世界最大の料理大学CIA（Culinary Institute of America）から、旭酒造に醸造所建設のオファーがありました。CIAは地域全体でカリフォルニア州・ナパバレーやフランス・ボルドーのような食の都を目指し、クラフトビールを造るブルックリンブリュワリーを所有。その近辺にはいくつかのワイナリーが存在します。

CIAは、和食が世界的に盛り上がっている中、「和食に合う日本酒をきちんと学ばなければ」という思いに至ったようです。大手の酒造会社の機械的な酒造りではなく、手間暇かけて品質の良いものを造っている旭酒造と連携したいとのことでした。

CIAの申し出に対して、桜井社長は「ニューヨークには世界中から文化が集まってきて、そこでまた新しいものが生まれ、世界中に散っていきます。獺祭にとっても、ニューヨークは輸出を始めた当初から最も魅力的な場所です。誰か現地で本格的な醸造所を造ってくれないだろうかと他人事のように思っていたら、うちに声がかかったのです」と、オファーを快諾。すでに、旭酒造監修によるCIAの日本酒講座がスタートしています。

現在、獺祭の全体出荷量に占める輸出出荷量の割合は約52パーセントとのことで、すでに国内よりも海外で多く楽しまれています。パリにジョエル・ロブションと組んだレストランも展開している旭酒造は、世界の食文化を日本酒で変えていきたいという理念をもっています。桜井社長は「日本酒は、和食に合うだけではなく、様々な食文化に入り込んでいって、世界中で新しい食文化を作れると思っています。ただ、実現はこれからなので、ニューヨークはそのための前線基地です」と瞳を輝かせながら熱弁してくださいました。

コロナ禍で蔵の工事が遅れていましたが、2022年末にはニューヨークでの酒造りがスタートできるよう奮闘中とのこと。これから蔵長や製造の生え抜きの

ニューヨーク郊外に完成予定の「獺祭」の新蔵

メンバー3名が渡米を予定しています。桜井社長がニューヨーク人事を発表されたときには、スタッフ3名は一斉に驚きつつもすぐに新しい挑戦にワクワクし、語学の勉強も積極的に進めていらっしゃるのだそうです。

酒造規模は最終的には7000石の見通しですが、初めは数百石を目標に、渡米した蔵人たちがマンツーマンで現地の製造スタッフに技術や味に対する思いを伝えて、とにかく品質を追いかけていく計画とのこと。

酒米は、カリフォルニア州とアーカンソー州で栽培された山田錦と、日本産の山田錦を併用予定。ただ、アメリカで作る山田錦はD

NA的には同じでも、まだ品質には到底納得がいっていないとのことです。

米の生育方法一つとっても、アメリカは日本のように苗を作って植えていくスタイルではなく、種を機械的に植えていくのだとか。山田錦の栽培も食用米の延長でしかなく、まだ栽培ノウハウがないため大きさは、日本の山田錦の8掛け程度。ひとまわりも小さいようです。心白もほぼなく発現率（心白が現れる率）も良くはないとのこと。

桜井社長は「心白があった方が普通酒や純米酒を造りやすいですが」と前置きされたうえで、「米をしっかり磨く我が社にとっては、心白は実はそんなになくても良いのです。まだ試行錯誤中ではありますが、お米の中央に心白がポツンとあるのが理想です」と獺祭ならではの山田錦の在り方を、アメリカでも追求されるようです。

麹、酵母は日本から持って行ったものを使用。水は、マンハッタンの水道の源水エリアの水を使用し、品質も良いとのこと。水質は、日本よりもミネラルがやや多く、やや硬水です。

桜井社長は「日本では現在、マンハッタンの水を再現して試験醸造をしています。よく水の機械メーカーさんから、『調整をして日本と同じ水を作りましょうか』と言われます。でも、それでは意味がありません。現地の水を使っておいしいSAKEを作っていくことが大切です」と真っすぐに答えてくださいました。

2022（令和4）年、いよいよ誕生する新ブランド名は「DASSAI BLUE」。日本のことわざ「青は藍より出でて藍より青し」に由来しています。

「子どもが親を超える、弟子が師匠を超えるという意味合いです」という桜井社長。日本の獺祭とニューヨークの「DASSAI BLUE」は、双子のようなイメージがあるのだとか。「ただ生活環境の違う双子なので、真逆の方向に変化していくこともあり得るはずです。造っている私たちがアメリカの食に触れて、少しずつ酒質が変わっていくこともあると思います。アメリカ人にうける味わいは、こちらの計算だけで造れるほど甘いものだとは思っていません。そのためにまずは、

その時々に私たちがおいしいと信じる最高のものを造っていきたいと考えています」（桜井社長）

2023年5月には、蔵開きが予定されています。旭酒造がスポンサー契約をしている「ニューヨーク・ヤンキース」の試合を観戦しながら、「DASSAI BLUE」を楽しむという壮大なオープニングイベントも行われるのだそうです。

2021（令和3）年「Forbes JAPAN100」に社会を動かす、未来をつくるリーダー、アントレプレナーシップをもった経営者として選出された桜井社長。世界のバッターボックスに立ち、一体、どんな快進撃を見せてくださるのか胸が高鳴ります。

海外で造られるSAKE～「紀土」in ベトナム

1000万人近い人口を抱えるベトナムのホーチミン市。ベトナムの平均年齢

（国連調べ2020年）は32歳（世界81位）と非常に低く、東南アジアで最も急成長している都市の一つです。

そんなベトナムの若者に向けて、SAKEを広げようと狼煙《のろし》を上げた蔵があります。和歌山県にある「紀土《きっど》」醸造元の平和酒造です。

さかのぼること約1年前、ベトナムの有名なクラフトビールメーカー、「East West Brewing Co.」（イースト・ウエスト・ブルーイング・カンパニー）が、世界で注目を集める日本酒に着目。「ベトナムの若者にSAKEを飲めるようにしたい」と考えたのです。しかし、ベトナムに輸入された日本酒の価格は日本の約3倍で高級品。そうした理由から、「ベトナムでSAKEを造ってくれる蔵はないだろうか」と、日本の蔵元たちにコーディネーターを通して相談があったのだそうです。そこで数社が手を挙げプレゼンテーションをした結果、見事勝ち抜いたのが平和酒造だったのです。

蔵元の山本典正《のりまさ》さんは「現在、弊社では約30か国への輸出を行っていますが、私も杜氏もチャンスさえあれば、海外での醸造をやってみたかったのです」とベトナムでの初挑戦について語ってくださいました。

「多くのベトナム人たちが、かつてのベトナム戦争で世界中に難民として散らばっています。アメリカ、カナダなどで西洋文化に触れて帰国後、ビジネスに成功している方々がたくさんいらっしゃいます。East West Brewing Co. の経営陣もその一例です。彼らは視野がグローバルでコミュニケーション能力も非常に優れているので、パートナーとしてもやっていけると思いました」(山本さん)

このような経緯で、平和酒造はEast West Brewing Co. の資本に協力し、技術提供などを行う合弁会社を設立。たった1年間でのスピーディーな展開となりましたが、「今は、すべてにワクワクしています」という山本さん。「ある程度は計算して装備を整えていますが、正直、難しさも感じています。当然、チャンスとリスクがあり、冒険ですよね」と、ジャッジメントを常に求められる蔵元としての立場も真摯に話してくださいました。

山本さんが全幅の信頼を寄せている柴田英道《ひでみち》杜氏は、2022年4月に数週間ベトナム入りし、早速、技術指導をスタート。East West Brewing Co. が経営するホーチミン市にあるクラフトビールレストランの敷地で、試験醸造が始まりました。

柴田杜氏はまず、米洗い、浸漬などSAKE造りの工程を一つひとつ指導したのだそうです。「ベトナムの杜氏は、アメリカで約1年間酒造りを経験していま す。また、日本醸造協会『酒造教本』の英語バージョンでしっかり学んでいました。まじめで何でも質問して、意欲的に吸収しようとする28歳の杜氏です」。さらに、ベトナム人スタッフが2名加わり、3名でSAKE造りを行っています。

柴田杜氏は、麹は業務用のパンを発酵させる容器で、仕込みはビール用の小さいタンクで最初の造りを試験。柴田杜氏にとっては、SAKE造りの環境が全く整っていない異国で、ゼロからの挑戦です。

原材料は、ベトナムのインディカ米である「ST25」という食用米を使用。日本のコシヒカリのように、ベトナムでは受賞歴や知名度がある優秀な食用米とのこと。驚いたことに、まだ精米機もないため日本酒造りの大切な工程である「精米」をせずに、購入したときの精米歩合93パーセントのままで造るのだそうです。ちなみに精米歩合90パーセントのジャポニカ米でも実験中です。

柴田杜氏は、「いつかは設備に扁平精米機を」とEast West Brewing Co.に進言しながらも「今の設備の中でどうやったらおいしいものができるのかが勝負です」と意欲をのぞかせます。私はそのときの柴田杜氏のキラリと光った瞳から、モノづくりを生きがいとする職人魂に触れられたような気がしました。

また、East West Brewing Co.は、2022年5月に同じホーチミン市に新たなSAKE醸造所を完成させ、10月にはレストランをオープンさせる予定です。再びベトナム入りした柴田杜氏はここでも試験醸造をしていますが、ベトナム人の国民的習慣がSAKE造りには大敵なのだとか。

ベトナムでは、どこでも土足で上がったり、食事をしたあとの食べかすは床にそのまま捨てたりするライフスタイル。SAKE造りの際にも雑菌を繁殖させてはいけない麹室の中に土足で上がり、たばこを吸うことも抵抗なくできてしまうベトナム人に、柴田杜氏は何度も繰り返して指導をされているようです。

さらに、ベトナム南部は雨季と乾季がある熱帯性気候で、年中気温は30度。日本では温める発酵室には逆に冷房をかけるなど、温度と湿度の管理も試行錯誤中とのこと。インフラも整っていないので、SAKE造り中に電気が突然落ちてしまうこともネックなのだとか。

壮絶な環境でできあがったベトナムの試験醸造酒の香りは、初めはリンゴやバナナのような吟醸香があるものの、途中からインディカ米独特の強めの穀物の香りが出てしまい、飲んでいるうちにしんどくなってしまうのだとか。また、麹の糖化酵素がうまく出ず、辛いお酒に。ベトナム人は甘味のあるお酒が好きなので、甘さも出して調整していくのが課題のようです。

これから、「甘めのSAKE」「カジュアルなSAKE」「高級なSAKE」の

3本柱で展開予定。フルーツ王国であるベトナムのパッションフルーツやグァバ入りのSAKEリキュールにも着手し、若者へのSAKEの認知度アップも目指します。

山本さんは「ベトナムでおいしいSAKEを造るのが何よりも第一です。おいしくできなければ、やる意味がありません。それが達成できたら、現地で日本酒が根差すためのステップに進みます」と、国境を越えた冒険は始まったばかりです。

今どきの生酛と山廃〜モダン生酛「仙禽」

従来の伝統製法である酒母「生酛・山廃」（89ページ参照）は、約1か月で完成。酸味が強く、アルコール度数は高め（約16〜20度）で、乳酸やコハク酸が多く旨味がしっかり乗っているのが特徴です。

ただ、近年では一部の蔵元たちが「生酛・山廃」をブラッシュアップし、これまでのイメージを覆す新時代の酒質を世に送り出しています。アルコール度数は低く（約9〜13度）、すっきりと飲みやすいタイプへと進化しているのです。

せんきん（栃木県）の蔵元、薄井一樹さんが蔵に戻った2007（平成19）年、「モダン生酛」（現代版の生酛のこと）をスタート。速醸酛の香りが高くきれいな酒質や、無ろ過生原酒（ろ過・火入れをしていない透明感あふれる原酒）が大人気だった当時、薄井さんは「一世を風靡した『十四代』や『飛露喜』を目指すよりも、己の超個性的な酒を造り、唯一無二になった方が人は振り向いてくれるだろうと思いました。今思えば、速醸で勝負してトップを取るのは時間がかかると考えたのかもしれません」と当時を振り返ってくださいました。

今でこそ、日本酒ファンであれば「仙禽」を知らない人はいないはずですが、私は、無名の頃の薄井さんのマグマのように沸き立つ信念に触れられたような気がしました。

「生酛という伝統製法をあえて導入することは、当時の日本酒に対するアンチテーゼでもありました」という薄井さんは、その理由についてこのように語ってくださいました。

「速醸は、品質は安定してある程度、酒質の保証はできています。つまり、米を磨けば磨くほど、香りが出やすい酵母を使えば使うほど90点以上の及第点は取れます。でも、それぞれの酒蔵の持ち味、個性は逆にそぎ落とされてしまうと考えたのです」

ただし、薄井さんは「酒質は昔からあるものをそのまま再現するよりも、現代風にアップデートすることが必要でした」と念を押したのです。なぜならば、従来の生酛・山廃を常温やぬる燗で飲んだときに、正直、飲みづらかったからなのだとか。

薄井さんは「実は、生酛の造り方そのものはそう変わっていないのです。従来と同じように酛すり（27ページ参照）もしますし、米もほとんど磨いていません」と前置きしたうえで、モダン生酛について、3つのポイントに分けて解説してくださいました。

①「鮮度を重視する」

これは、お酒が酸化するリスクを極力減らし、早く真空状態にするため。従来の生酛では、搾ったお酒はタンク貯蔵し、しかるべきタイミングで瓶に詰めて、火入れ、出荷しますが、これはタンクに長く貯蔵することで、酸化を促し、丸味を帯びた酒質にするためです。モダン生酛では、自動もろみ圧搾機でもろみを搾ったあとは、そのまま即瓶詰めします。

②「アルコール度数・アミノ酸（旨味）の数値を下げる」

従来の生酛では日本酒の味わいを構成する核となっていたアルコール度数・アミノ酸（旨味）。あえてその数値を下げることで、一気に酒質が軽やかに洗練されます。

③「麹の量を減らす」

麹歩合は、従来は22～23パーセントだったのが、今は17～18パーセント。麹が減ると旨味が減り、味が薄く感じられるので、その分、酸味や甘味などの成分を醸造過程で調整し、補填します。

「モダン生酛と向き合ってきたおかげで、速醸タイプの甘酸っぱい、ジューシーな酒質を生むヒントにもなりました」という薄井さん。仙禽の名を一気に押し上げた女性や若者に大人気の酒質のきっかけが、モダン生酛にあったのだと言うのです。蔵全体の酒質設計にとって、モダン生酛はなくてはならない価値もあったのですね。

「ここ最近は世界的にサスティナブル（地球環境と人間生活が良好な関係を保ち

ながら、発展し続けていくこと）な世の中になり、生酛に回帰する醸造家が増えてきています。生酛にこだわることも大切ですが、マーケットをきちんと理解していくことも大事だと思います。これからどんな時代が来ても、50年、100年と仙禽を継続して残すために着実に進んでいきます」と薄井さん。

未来を見据えて前進していく覚悟を見せてくださいました。

今どきの生酛と山廃～モダン山廃「吉田蔵u」

吉田酒造店（石川県）「吉田蔵u―石川門―」の「モダン山廃」。ほのかに香るマスクメロンやマスカット、頬をなでられたかのようなふんわりした甘味、凛とした微発泡、さらに懐の深い旨味にうれしい衝撃を受けました。これまで飲んできた山廃とは全く異なる酒質だったからです。

「古くから能登杜氏による山廃の伝統製法が受け継がれてきた石川県では、山廃を嫌う人は少ないです」という蔵元杜氏の吉田泰之さん。「ただ、県外のイベントでは『山廃』と言った瞬間に、『他のお酒にしてほしい』というお客様がとても多くいらっしゃいました。山廃は飲んでみるといろいろな個性があって面白いのに、飲む前から苦手と言われるのは、とても寂しい思いでした」と、蔵に入ったばかりの約8年前を振り返ってくださいました。

もともと蔵を代表する銘柄の「手取川」の山廃は酸味も旨味も強く、骨太な味わいで玄人好み。「常温やお燗で、何か濃いつまみと一緒に飲むようなイメージがあった」と吉田さん。蔵で酒造りをするようになり、初めて搾りたての山廃を飲んだときに、「あれ？ フレッシュで爽やかでめちゃくちゃおいしい。なぜ、商品化するときには力強い味わいにしてしまうのだろう」と疑問をもち、山廃で新しい酒質となるモダン山廃の可能性に気が付いたのだそうです。

ただ、生酛という選択肢もあったという吉田さん。「新政（秋田県）の生酛による新たな酒質が余りにもセンセーショナルで、生酛ってなんだ？ 生酛って面白いね」と蔵人たちと話されていたのだとか。とはいうものの、吉田さんは「僕らがこの土地で何かを残すためには、地元の伝統である山廃の技術と味を磨いていくことがまず大事。山廃を極めないと新しいこともできないし、僕らはそんなに器用でもないので、まずは山廃に集中しよう」と自らの酒造りを見直すことから始めたのです。

現在は顧問として蔵に入っている77歳の元杜氏のことを、吉田さんは「親分」と呼んで慕っていらっしゃいます。吉田さんが杜氏になり、モダン山廃にチャレンジするにあたり親分からは「そんな造り方をしたらうまくいかんぞ」と、初めは嫌がられたそうです。

「ただ、私も頑固なところがあります。ここは引けないと、プロトタイプ（試作品）を造り、一緒に飲んで、やっと理解していただきました」

吉田さんはここまでお話しされる間に、目じりが下がり、表情がどんどん柔和になっていきました。

「僕が生まれる前から蔵でお酒を造ってきた親分は、『やっちゃん、やっちゃん』といって、今でもかわいがってくれます。『やっちゃんがやってみたいなら、しょうがないな。じゃ、やってみっか』と背中を押してくれたんです」

吉田さんは、「親分」の手厚い指導のおかげで、モダン山廃へチャレンジできたことを熱く語ってくださいました。

以来、8年の時を経てモダン山廃として商品化されるまで、一体どんな開発を続けてこられたのでしょうか。「山廃の酒母そのものは、ほとんど同じです」という吉田さんに、オリジナル製法の3つのポイントについて解説していただきました。

①「仕込み配合の変更」

麹の量、仕込み水の量など、これまで継承してきた配合ではなく、あらゆる仕込み配合を繰り返し試験醸造。「配合は限りなくありましたが、8年かけて、モダン山廃の配合を見つけました」と吉田さん。

②「衛生管理の徹底」

吉田さんが蔵に帰って来たときは、杜氏から「ここにはいろんな菌がいるから掃除するな。掃除すると大変なことになるぞ」と言われていたほど、多くの雑菌によって醸されていた従来の山廃。それがワイルドで複雑な味わいを生み出す手法の一つだったためです。モダン山廃では清潔な環境造りを徹底。完璧な無菌状態というよりは、神社のようにきれいに掃除が行き届くことと、乾燥と空気に気を配っています。

③「仕込みの温度を下げて、糖化を促す」

従来の山廃の仕込み温度は、いろいろな菌が増えやすいように10℃前後だったのを、モダン山廃は8℃に調整します。雑菌が増えないように、自然界に生きる乳酸菌（発酵中に雑菌からガードする）が、発生時から積極的に動きやすくなる環境を整えています。

このように発酵のさせ方やもろみの配合などを工夫する中で、上手くいかなかったこともたくさんあったという吉田さん。「その都度、社員に助けてもらってきました」といいます。この一言からも20代から70代まで15名の蔵人たちを率い、周りを大切にして酒造りに励んでいらっしゃる吉田さんのお人柄を感じました。

モダン山廃が生まれた「吉田蔵ｕ」の「ｕ」は、「優しい」の優、そして「あなた」へのＹｏｕ。蔵の近くにそびえる自然豊かな白山《はくさん》の恵みを日本酒で表現したいと、白山や蔵の周りの田んぼを守るための活動や、電気を再生可能エネルギーにシフトする取り組みも行っています。

吉田さんは「これからもモダン山廃の可能性をもっと探求していこうと思います」と、爽快な笑顔で締めくくってくださいました。

自然環境に配慮した日本酒造り〜「新政」

現在、世界的な課題であるSDGs。SDGsとは、2030年までに達成すべき「持続可能な開発目標（Sustainable Development Goals)」の略です。その観点から、新政酒造（秋田県）の環境問題を考慮した酒造りの魅力に迫ります。

日本酒業界の革命児と言われてきた新政酒造「新政」の蔵元、佐藤祐輔《ゆうすけ》さんは、単に酒造りをするだけではなく、農業などにも参画し「日本酒文化総合保護企業」としての新たな経営に乗り出しています。

まず、昔ながらの木製の醸造器具を多用して、機械を徐々に撤廃しながら酒造りを進めています。その間でも、昔はメンテナンスが大変で、腐造の原因として戦後急速に減少した杉の「木桶」（酒母造りや仕込み）を使用。ちなみに、現在の一般的な酒造りではステンレスやサーマルタンクが使用されています。

木桶に使用される杉は、日本にしかない固有種。学名は『クリプトメリア・

全量木桶での酒造りを目指し、木桶職人の育成も
(写真撮影／堀清英)

ジャポニカ』で、『日本の埋もれた宝』という意味があります。

佐藤さんは、杉の魅力について「香りにはリラックス効果があります。さらに、酒質の多様化にも貢献できます。それは、杉は生育した場所や生育方法、部位によっても成分が異なり、乳酸菌などの微生物が成育しやすく、発酵に多様な影響を与えるからです」と語ってくださいました。

「蔵でもっと木桶を増やし、できるだけ早く全量木桶にしたい」と願う佐藤さんには、「秋田の山間部にある農村に、木桶をゼロから製造できる工房を設立する」というビジョンもあります。木桶（大桶）の製造から引退される桶師（木桶製造会社）のもとへ蔵人を派遣して、木桶職人として修業をさせることから着手しています。

ここ数年、民有林の杉は、除伐《じょばつ》（生育したい樹木以外の伐採）や間伐《かんばつ》（樹木の一部を伐採）が必要な時期とのこと。ただ、実際に手入れされているのは4分の1程度で、適正な森林管理と安定的な木材供給のためにも、除伐や間伐の推進が不可欠となっています。新政酒造が林業に参画することで、自然環境に少しでも貢献できるのではということです。

木桶工房建設を予定している山間部の農村で米の自然栽培に成功したのが2017（平成29）年。佐藤さんは農業についても、口調は冷静ながら燃えるような鋭い眼差しで説明してくださいました。

「世界中で米を安定的に栽培できるのが慣行栽培です。これは科学的な理想モデルを追求し、外部自然（虫、土壌生物、雑草）の影響をシャットアウトする方法です。稲に肥料を与え過ぎると病気が発生したり、栄養過多になって病気にかかりやすくなったり、雑草が増えたり、虫害が発生したりします。その結果、農薬が用いられることとなり、長い時間をかけて土壌の生態系が壊され、生物の少ない荒廃した土地になってゆくのです」（佐藤さん）

そうなると、人口増加や食糧危機が信じられていた時代ならともかく、米の価値がどんどん下がり続けている現在、自然に負担をかけてまで生産量を追い求めるのは正しいことなのか、見直しを迫られているそうです。

さらに、無農薬栽培の有効性について、佐藤さんはこのように教えてくださいました。

「稲は肥料を使わなければ病気にもかかりにくくなります。そうすると土の発酵も促され多様な土壌生物が多くなり、適度な栄養が生まれるのです」

他の土地から肥料も農薬も買わなくて済むので、外部から資源を導入することなく自立した米作りを実現できるようです。

酒米の自然栽培を行うこの地に、木桶工房や新蔵の建築も予定（写真撮影／松田高明）

佐藤さんには今でも20軒ほどの茅葺屋根の民家が残っているこの山間部の農村に、いつか新蔵を建設する計画もあります。「水が澄んでいて、上流にはもう何もない。ここは無農薬栽培に最適な場所」だそうです。

最後に佐藤さんは「日本酒には、想像を絶するような自然の恵みが詰込まれています。新政なりに秋田の自然に恩返ししたいです」と力強く締めくくってくださいました。

新政酒造は、日本酒を醸すだけではなく、地域に根差した風土、歴史、伝統を醸しているのだという思いに満ち溢れています。

新たな熟成酒の取り組み～「黒龍」

日本には古くから、熟成酒専門蔵として白木恒助商店「達磨正宗」（岐阜県）があります。他にも「満寿泉《ますいずみ》」の桝田酒造店（富山県）や「出羽桜」の出羽桜酒造（山形県）など、30社以上が日本酒の熟成に取り組んでいます。

「黒龍」で知られる黒龍酒造（福井県）の蔵元、水野直人さんのお父様が、当時の蔵元としてはまだまだ珍しいヨーロッパのワイナリー巡りに出かけ、ワインの造詣を深めていらっしゃったのが１９６０（昭和35）年頃。特にフランスで、ワインの熟成による味わいの変化があることに感銘を受けられたのだとか。帰国後、すぐに蔵内の土蔵（10～20度）で、大吟醸の3年熟成をスタートしました。

その後、黒龍酒造では熟成の速度や性質などによって、徐々に熟成環境を整え、研究を続けてきました。温度帯は「15度、10度、5度、0度、マイナス5度」、容量は「四合瓶、一升瓶、一斗瓶」とサーマルタンク（冷却装置付きタンク）を使用。温度、容量、酒質などを様々に組み合わせることにより、理想的な熟成を目指すための一大プロジェクトを立ち上げ、現在も進行中です。

様々なスペックの日本酒は、蔵内、瓶詰めの工場、２０２１（令和３）年からは県の依頼でダム建設の際に掘ったトンネルを再利用して貯蔵。さらに、「ＡＷＡ ＳＡＫＥ」（ａｗａ酒協会が認定する瓶内二次発酵による自然な発泡のスパークリング日本酒）は、水野さんが人脈を駆使し10年来構想してきた福井の食酒、伝統工芸、文化などを発信する大人のテーマパーク「ＥＳＨＩＫＯＴＯ（エシコト）」（２０２２年６月開業）で貯蔵しています。

熟成速度は年によって違うため、10年後、20年後を見据えたお酒ができあがるまでの履歴が必要とのこと。水野さんは、「『お米の生産地がそのときどんな環境だったのか』『台風が来たのか』『害虫被害があったのか』などを記録していくことで、お客様にお酒の歴史やストーリーを伝えていきたいです」と真摯に語ってくださいました。

水野さんが1990（平成2）年に蔵入りしたとき、「将来子どもが生まれて20歳になったら、20年熟成させたおいしい酒で一緒に乾杯したい」という思いを込めて、新ブランド「無二《むに》」を発案。このお酒は兵庫県東条町（当時。現加東市）産山田錦による精米歩合35パーセントの純米大吟醸原酒です。それ以来、毎年「無二」を造って貯蔵しています。

黒龍スタッフ一同で、できあがった年の「無二」の官能テストをして、長期熟成に向いている酒質を選んでいます。20年後のゴールを目指すための酒質条件は、香りはあまり立たず、まだ荒々しくて酸がしっかりあるもの。熟成させることで、アルコールのまろやかさ、全体のバランスがどんどん良くなっていくもの、としています。この条件を満たしたものは、一度寝かせたら一切手を加えないことで、唯一無二の存在となっていくのだそうです。

「国内外のソムリエやウイスキー業界が熟成酒を評価してくださっているのに、まだまだ一般的に理解されていません」と以前から現状を憂いていた水野さん。これから、国と連携して熟成酒の新しい価値を創っていくために「一般社団法人刻《とき》SAKE協会」（2020年発足）の設立メンバーとして、当初から関わっていらっしゃいます。

水野さんは「日本酒の付加価値を上げていくには、熟成酒しかないと思っています。熟成が世界中の人々に当たり前に支持されているワイン文化を尊敬しています。そこに近づきたいからです」と、これからの熟成酒に大いなる期待を寄せています。

「飲み手の方が、熟成酒の味わいだけではなく、熟成がスタートした年は、自分にとってどんな年だったのか振り返ることもできます。子どもが生まれた年、会社を創業した年など、その人の人生の節目を彩る酒になるはずです」（水野さん）

新たな熟成酒の取り組み～「七本鎗」

「七本鎗《しちほんやり》」冨田酒造（滋賀県）の蔵元杜氏、冨田泰伸《やすのぶ》さんが手掛ける「琥刻《ここく》シリーズ」。その熟成の世界観に迫ってみましょう。

蔵内の調度品や日本家屋など古いものに囲まれて育った冨田さんは、「物心ついた頃から時間が創り出す、味わい深い素材に魅かれることが多かった」と言います。料理、建築、洋服などに至るまで、手を加えていない自然の経年変化が好きで、エイジング加工されたものはあまり好みではないとのこと。例えば、ダメージ加工しているジーンズではなく、自分で履きこむことで魅力を感じられるのだとか。

もともとワイン業界に携わり、多くの海外ワイナリーを旅してきた冨田さんは世界中にも多くのファンをもつヴィンテージワインに魅せられていました。自身で造る日本酒で熟成を始めたのは、ごく自然なことであったに違いありません。

蔵に戻った2002(平成14)年から、すぐに蔵内の冷蔵庫で瓶熟成をスタート。様々に条件を変えて試行錯誤していましたが、2010(平成22)年から安定的に熟成ができると考えた冷蔵(10度)による琥刻シリーズへの新たな挑戦が始まりました。

酒米は滋賀県の酒造好適米である「玉栄《たまさかえ》」を使用し、山廃仕込みでスタート。2021(令和3)年からは、山廃よりも手間暇はかかるものの、生酛造りに変え、より伝統的な製法に立ち戻っています。明治時代に始まった山卸しという工程を省いた山廃ではなく、せっかくならば江戸時代の生酛で勝負をしてみたいと決断されたようです。

さらに、琥刻ではない商品で生酛を造ってみたところ、山廃よりも手間はかかるものの、生酛の安定感、味のクリアさにロマンを感じられたのだとか。

また、当初はきょうかい酵母を添加していましたが、その年を表現できる米、水、気候などのように、その年に蔵で出逢った酵母で醸すようになりました。冨田さんは、より自然な酒造りについて「よりハードルが高くなり驚きましたが、個性ある酒になり、なんとか続けられています」と手ごたえを感じていらっしゃいます。

冨田さんが考える20年、30年後を見据えた琥刻の熟成に向いている酒質は、しっかりと高い酸、輪郭はくっきりで力強い味、残糖が限りなく少ないものとのこと。糖が少ないことで、メイラード反応（加熱などにより糖とアミノ酸が結びつく反応）の速度が抑制され、味わいの角がじわりと取れてまろやかになっていくことをイメージしての酒質設計だそうです。酒質については、ソムリエ大越基《おおこしもと》裕《ひろ》氏による緻密なコメントをホームページで掲載し、一層その魅力を堪能できるようになっています。

琥刻は特に海外ではフランス、カナダ、シンガポールなどからの引き合いが多いとのこと。「海外で日本酒を飲んでくださるのは、ある程度はハイエンドな方々です。中でも熟成酒を好まれる方は、お酒そのものへの造詣が深く、熟成の魅力を十分理解されている印象があります」と冨田さん。
「沈没したタイタニック号から引き揚げられた数百万円もするワインのように、熟成酒にはもう一つの楽しみ方があります。飲み手は作為的ではない突発的な出来事から、ボトルが経験した波乱万丈を飲むという、かけがえのない時間を味わいたいのではないでしょうか」(冨田さん)
ただ、冨田さんは現在の熟成環境に対して、どうしようもないジレンマがあるようです。
「10度に保っている貯蔵庫は地下にあるので、冬の間の半年は電源を切っています。ただ、世の中の環境意識がより高まっていく中、冷蔵技術に頼り過ぎることに疑問があります。東北には雪室《ゆきむろ》貯蔵(自然の雪による冷蔵庫)されている蔵もあるように、なるべく自然に近づけていきたいです。蔵としてこれから環境保全に取り組んでいく中で、電気を使用してまで熟成させていく価値を根本から考え直しています。いつかは蔵で自家発電ができないかと思っています」(冨田さん)

今後の展望について冨田さんは、「時を重ねたものは必ずそこに時間が介在し、歴史が刻まれています。古いから良いのではなく、古くて良いものをしっかり見極めて光を当て続けるからこそ、時間が経過して良いものの良さも際立つのだと思います」と経年変化にたとえて古酒の魅力について語ってくださいました。

一方で、「新しいものの価値ももちろん忘れてはなりません。古くて良いものと、新しいもののバランスを意識した多様性のある社会が楽しいのではないでしょうか。つまり、新酒だけではなく、日本酒の熟成酒がもう少し高いポジションをもてるようになればうれしいです」と熟成酒の価値向上に思いを巡らせていらっしゃいました。

熟成酒の奥深い魅力と楽しみ方〜「酒茶論」

銀座にある熟成酒の専門店「酒茶論《しゅさろん》」は近年、おひとりさまで楽しめるバーとして、密かな人気を集めています。人気のヒミツは、上野伸弘マスターの熟成酒に対する豊富な知識と、場をなごませる巧みな会話術にあります。

先日、私も一人で伺いましたが、五感と知的好奇心を刺激される心豊かなひとときを過ごさせていただきました。

上野さんは、「一般社団法人刻《とき》SAKE協会」常任理事で、全国各地のレアな熟成酒に精通されているだけではなく、卸売りや海外輸出などもされています。その知識や技術を背景に、熟成酒を提供。私が訪れた際は、全国各地のレアな熟成酒をグラス、温度帯、容量などを駆使しつつ、熟練された接客技術で蔵のストーリーや歴史などをセンス良く語ってくださいました。

また、熟成酒のペアリング提供のポイントに関しては、以下のように教えてくださったのです。
①食前向き、食中向き、食後向きかのいずれか
②食を引き立てるお酒なのか、お酒を引き立てる食なのか

③誰にどのような場面で提供するのか

このように上野さんは、お客様と何気なく会話を交わしながら、経験値とロジックを瞬時に駆使してその場を楽しませていらっしゃいます。

さらに、慶應義塾大学先端生命科学研究所と協力して、参加蔵元から提供された日本酒の海中熟成（海の中で熟成させること）と地上熟成によるアミノ酸の変化などを化学的に分析。大企業や九州大学なども、熟成酒の「エビデンス」（証拠・根拠）を得るための緻密な研究を長く続けていらっしゃるとのことです。

「この海中熟成酒の研究はおいしさの追求ではありません」という上野さんは、外的影響や貯蔵環境によって起こる化学的変化や物理的変化が起こることを数値化し、わかりやすく蔵元に伝える役目も果たしていらっしゃいます。海の波にさらされながら貯蔵されると、酒質の丸みの帯び方などに地上とは違った熟成が起こってくるようです。

これらの研究で上野さんはこんな気づきを得ます。

「酒の研究では、酒質がまろやかに変化する秘密を、数値として可視化できることに大きな意味があります。それは、価格に反映できるだけの裏付けが取れるからです」

このように、上野さんは熟成酒に高価値を与えることを使命とされているのです。

上野さんはこれらの実績を生かし、国税庁のブランド化推進事業である熟成酒の高付加価値創造のプログラムに資料を提供し、共同研究もされています。

私は、そう遠くない日に、まだ一般的には知られざる、定義も定まっていない熟成酒の価値が上がり、その魅力が大きく羽ばたく日が来るのではと、興奮を抑えられませんでした。

海外進出の足掛かりとなる世界的コンペティション〜「愛宕の松」

今、国内外で、数多くの日本酒のコンペティションがあります。

1911（明治44）年にスタートした国内で一番権威ある公的なコンペティションは、独立法人酒類総合研究所と日本酒造組合中央会による「全国新酒鑑評会」です。毎年、県ごとに全国の金賞が一斉に発表されます。また、2012（平成24）年から、「ブランドによらず消費者が本当においしい日本酒にもっと巡り会えるよう、新しい基準を示したい」というコンセプトで開催されているのが「SAKE COMPETITION」です。2019（令和元）年には、1919点の総出品数となり、世界最大の日本酒のコンペティションとなりました（2020〜2022年はコロナの影響により中止）。

海外にも日本酒を対象とした様々なコンペティションがありますが、業界の注目度が高いのは「Kura Master」と「IWC（インターナショナル・ワイン・

チャレンジ)」の二つです。

その一つ、「Kura Master」は2017(平成29)年から、フランスで開催される日本酒コンペティションとして注目されています。審査員は、ヨーロッパで活躍するトップソムリエや飲食業界のプロフェッショナルたち。フランスの歴史的食文化である「食と酒の相性」に重点を置いて審査されるのが大きな特徴となっています。

もう一つが、毎年ロンドンで開催される世界最大規模のワインの品評会で、グローバルな影響力をもつと言われている「IWC」。2007(平成19)年から「SAKE部門」が加わり、受賞酒は国内外で注目され、海外進出の足掛かりとなるということです。

2022(令和4)年の「SAKE部門」では、出品した複数の日本酒すべてが高評価を得た蔵元に授与される「サケ・ブルーワー・オブ・ザ・イヤー」に新澤醸造店(宮城県)が選ばれました。また、地元を中心に流通している「愛宕《あたご》の

松　別仕込本醸造」が、コストパフォーマンスに優れた酒に贈られる「グレートバリュー・チャンピオン・サケ※」も受賞。世界最大の品評会で2冠達成という快挙となったのです。

IWC授賞式の際に蔵元の新澤巌夫さんは「受賞できるという欲を出してはいけないが、取れるという自信ももたないといけない。常に謙虚な気持ちで、この場にいるだけで十分感謝しなければ」と、平静を装いながら会場で過ごしていたのだそう。ひとたび2冠が発表されると「喜びもひとしおに、うれしいものでした」と、振り返ってくださいました。

ただ、「取った瞬間からうれしいという少し浮かれた気持ちと、調子に乗ると大変なことになるぞという怖さがあります」という新澤さん。蔵人たちにも浮足立つような雰囲気はないのだとか。蔵で造っている人、瓶に詰める人、出荷する人など、これから世界に進出していくにあたり、責任も増えていくことになるからです。新澤さんは「もし、異物混入があった場合、昔は一部交換だけで済んだことが、世界一を取ったあとでは全面回収しなくてはいけない」など、コンプライアンスのハードルが高くなることについても言及されました。

コロナ禍が始まった２０２０（令和２）年、「蔵として正直何をしたらいいのかわからなくなってしまった」という新澤さん。緊急事態宣言が出れば、販売数が激減して在庫が余り、回収数も増えました。一方で宣言が解除されたら、商品の出荷が急増して在庫が足りなくなる状況が続いたのです。そこで、新澤さんは新たな決意をしました。それは「世界のコンペティションに、どんどんお酒を出品する」ということです。

その理由について、新澤さんは「製造担当者、農家さん、精米所も含めて相当なフラストレーションが溜まっていきました。それをぶつける矛先を、品質向上に向け、技術を一層磨いていくことにしたのです」と教えてくださいました。新たなる決意によって、海外のコンペティションで受賞が続くようになったのです。まさにピンチを大きなチャンスに変えたのです。

「グレートバリュー・チャンピオン・サケ」の「愛宕の松　別仕込本醸造」は、昔から地元を中心に安く大量に流通しているブランドです。香り穏やかな食中酒でありながら、お酒単独でも楽しめるように「伯楽星」よりも味を濃くしているとのこと。「伯楽星」は一般市場の甘味の平均値の半分以下ですが、「愛宕の松　別仕込本醸造」は一般と「伯楽星」の間を取った甘味です。特に今回は、市場に4、5台しか普及していない最新式の精米機（扁平精米機）を導入したことも受賞につながったのだとか。

一般的な精米機では、米の周りが磨かれて球状に小さくなっていきます。最新式では米を扁平（平ら）に磨くことで、日本酒の雑味のもとになるたんぱく質や脂質を効率よく除去。それによってアミノ酸の数値が下がり、これまで以上にキレが良い酒質に仕上げることに成功しました。これもＩＷＣで評価される一因となったのです。

「受賞後は、『愛宕の松』をいつも晩酌で飲んでいただいている地元の人たちが喜んでくれています」と目を細めた新澤さんは、穏やかな笑顔に包まれていました。

新澤醸造店では、現在、アメリカ、イギリス、オーストラリアなど17か国に輸出していますが、これから海外に出すチャンスが一気に増えていくのではと想定しています。

「日本には、日本酒に限らずクラフトビール、焼酎などもあります。皆がそれぞれの素晴らしさを持ち寄り、切磋琢磨して世界で活躍していければいいなと思います」（新澤さん）

新澤さんはじめ、杜氏の渡部七海《わたなべななみ》さんや蔵人たちにお会いすると、いつもひたむきに闘志を燃やしていらっしゃいます。どんな蔵も歩んでいない新澤醸造店の世界への挑戦は、これからが本番です。

※720ミリリットル換算で販売本数10万本以上、市場価格1000円以下に該当する出品酒が対象

おわりに

教養としての日本酒の基礎を学びつつ、「今」の日本酒を知って、情報をアップデートできる一冊に。そして、ただの知識や情報の羅列ではなく、蔵元たちの熱い真意を伝えたい。その伝え手を考えたとき、すぐに浮かんだのが本書の著者である近藤淳子さんでした。

長年コツコツと構築してきた蔵との信頼関係があってこそわかる秘話。

現役の日本酒講師として、蔵を取材しているからこそわかる最新技術のこと。

これらについて、アナウンサーならではの傾聴スキルを活かし、体当たりで取材した内容は、他では知りえない貴重なものばかりです。

酵母や発酵といった学術的な話は確かに興味深く、日本酒の知識を深めるのに欠かせないもの。でもそれだけでは、「人生が豊かになる」とは言えないと思うのです。日本酒の瓶の中に込められた造り手の思いを知ることで、今よりもっと日本酒が身近な存在になる。そして、味わうたびに「愛おしい」と思う。頬が赤く染まると同時に、日本酒を味わう時間そのものに彩りが添えられる。豊かな人生って、こういうことなのかなと、最近富に感じます。

本書が皆様の人生を豊かにする一助を担えましたら幸甚です。

酒ジャーナリスト・一般社団法人ジャパン・サケ・アソシエーション理事長

葉石かおり

参考文献

一般社団法人ジャパン・サケ・アソシエーション（ＪＳＡ）のテキスト
小泉武夫「日本酒の世界」講談社学術文庫
坂口謹一郎「古酒新酒」講談社
長期熟成酒研究会編「古酒神酒」長期熟成酒研究会
鈴木芳行「日本酒の近現代史　酒造地の誕生」吉川弘文館
堀江修二「日本酒の来た道―歴史から見た日本酒製造法の変遷」今井出版
葉石かおり「日本酒のペアリングがよくわかる本」シンコーミュージック・エンタテイメント
葉石かおり「日本酒のおいしさのヒミツがよくわかる本」シンコーミュージック・エンタテイメント
葉石かおり「酒好き医師が教える最高の飲み方」日経ＢＰ
近藤淳子「現役アナウンサーが教える　あなたが輝く話し方入門」シンコーミュージック・エンタテイメント

●著者・監修者プロフィール

執筆　近藤淳子（こんどう・じゅんこ）

一般社団法人ジャパン・サケ・アソシエーション副理事長・マスター講師。TBS系列北陸放送のアナウンサーを経て、現在はホリプロアナウンス室所属のフリーアナウンサーとして、日本酒イベントの司会などに携わる。また、日本酒関連のセミナーの開催、コラム執筆・監修、飲食店のコンサルティングなど各方面で活躍。2009年から女性限定の日本酒会「ぽん女会」主宰。国際NGO、海外ラグジュアリーブランド、地方自治体との日本酒コラボレーション企画を行う。著書に『現役アナウンサーが教えるあなたが輝く話し方入門』（シンコーミュージック・エンタテイメント）ほか。

監修　葉石かおり（はいし・かおり）

酒ジャーナリスト、一般社団法人ジャパン・サケ・アソシエーション理事長、エッセイスト。酒と料理のペアリング、酒と健康を核に執筆、講演活動を行う。2015年一般社団法人ジャパン・サケ・アソシエーションを設立。国内外で日本酒の伝道師・SAKE EXPERTを育成する。『名医が教える飲酒の科学』（日経BP）がシリーズ累計17万部のベストセラーに。近著に『おうちで簡単 日本酒×おつまみ極上ペアリング』（マイナビ出版）がある。

マイナビ新書

人生を豊かにしたい人のための日本酒

2022年9月30日　初版第1刷発行

執　筆　近藤淳子
監　修　葉石かおり
発行者　滝口直樹
発行所　株式会社マイナビ出版
〒101-0003　東京都千代田区一ツ橋2-6-3　一ツ橋ビル2F
TEL 0480-38-6872（注文専用ダイヤル）
TEL 03-3556-2731（販売部）
TEL 03-3556-2735（編集部）
E-Mail pc-books@mynavi.jp（質問用）
URL https://book.mynavi.jp/

編集　小宮千寿子（スプラウトK）
装幀　小口翔平＋後藤司（tobufune）
DTP　富宗治
印刷・製本　中央精版印刷株式会社

ISBN978-4-8399-8110-5

Printed in Japan